纺织服装高等教育"十三五"部委级规划教材
经典服装设计系列丛书

服 装 款 式 大 系

——女裙装
款式图设计1500例

主 编　章瓯雁

著 者　高秦箭

　　　　梁　苑

　　　　李颖儿

东华大学出版社

·上海·

图书在版编目（CIP）数据

　　女裙装款式图设计1500例 / 章瓯雁主编；高秦箭，
梁苑，李颖儿著.--上海：东华大学出版社，2019.1
　　（服装款式大系）
　　ISBN 978-7-5669-1518-4

　　Ⅰ.①女... Ⅱ.①章... ②高...③梁...④李...Ⅲ.①裙子–
服装款式–款式设计—图集 Ⅳ.①TS941.717-64

　　中国版本图书馆CIP数据核字（2018）第296432号

责任编辑　吴川灵
封面设计　李　静
版面设计　赵　燕
彩色插画　程锦珊

服装款式大系
——女裙装款式图设计1500例

主编　章瓯雁
著者　高秦箭　梁　苑　李颖儿
出版：东华大学出版社出版 (上海市延安西路1882号 200051)
本社网址：http://dhupress.dhu.edu.cn
天猫旗舰店：http://dhdx.tmall.com
营销中心：021-62193056　62373056　62379558
电子邮箱：805744969@qq.com
印刷：苏州望电印刷有限公司
开本：889 mm × 1194 mm　1/16
印张：22
字数：780千字
版次：2019年1月第1版
印次：2019年1月第1次印刷
书号：ISBN 978-7-5669-1518-4
定价：78.00元

前　言

　　服装款式大系系列丛书是以服装品类为主题的服装款式设计系列专业参考读物，以服装企业设计人员、服装专业院校师生为读者对象，尤其适用于全国职业院校服装设计与工艺赛项技能大赛的参赛者，是企业、学校必备的服装款式工具书。

　　女装系列共分为6册，分别为《女大衣·女风衣款式图设计1500例》《女裙装款式图设计1500例》《女裤装款式图设计1500例》《连衣裙款式图设计1500例》《女上衣款式图设计1500例》和《女衬衫·罩衫款式图设计1500例》。系列丛书的每册分为四部分内容：第一部分为品类简介，介绍品类的起源、特征、分类以及经典品类款式等；第二部分为品类款式设计，绘制每一种品类一千余款，尽量做到款式齐全，经典而又流行；第三部分为品类细部设计，单独罗列出每一个品类的各部位的精彩细节设计，便于读者分部位查阅和借鉴；第四部分为品类整体着装效果，用彩色系列款式图的绘制形式呈现，便于学习者观察系列款式整体着装效果，同时，给学习者提供电脑彩色款式图绘制的借鉴。

　　本书为《女裙装款式图设计1500例》，图文并茂地介绍了女裙装的起源、特征、分类以及经典女裙装款式，汇集一千多例女裙装流行款式，确保实用和时尚；以女裙装廓型分类，便于学习者查找和借鉴款式；规范绘图，易于版师直接制版；单独罗列出女裙装的腰部、裙摆和门襟等部位的精彩细节设计；最后，用彩色款式图表现女裙装的系列款式整体着装效果。

　　本书第一章由章瓯雁编著，程锦珊绘制插图；第二至第八章由章瓯雁、高秦箭、梁苑、李颖儿编著，图片由章瓯雁调整。全书由章瓯雁任主编，并负责统稿。书中部分款式图由李上、吴敏燕、岳艳、张霞、李瑞凤、骆彬、郜笑言、吕玥琦提供，在此一并感谢！

　　由于我们水平有限，且时间匆促，对书中的疏漏和欠妥之处，敬请服装界的专家、院校的师生和广大的读者予以批评指正。

作者

2018年12月8日于杭州

目　录

第一章

款式概述

第一节 裙子概念

裙子，英文称skirt，法文称jule，特指以套穿的形式覆盖女性下半身的服装。裙子最早源于古埃及时代的腰衣。作为人类缤纷灿烂的服饰中最早产生的一种服装，裙子是最具代表性的品类，因不受年龄限制而广泛流行。除了腰衣外，历史上的男性也有穿裙的传统，如法国设计师让·保罗·戈蒂埃为男子设计了透明的蕾丝裙、苏格兰男人的格布短裙、非洲男子的兽皮裙以及珞巴族男子的统裙。在中国，传统女裙则以多片拼接且围系穿着为特征。

第二节 裙子起源

裙子的起源最早可以追溯到古埃及时期（公元前3000年~公元前300年）的腰衣（Loin Cloth）和斯卡特（Skirt）。在克时特时期（公元前2000年~公元前1000年）已有吊钟式塔裙和罗印克罗斯腰裙。20世纪是裙子的经典年代。在20世纪初期的西方，人们丢弃了禁锢女性长达3个世纪之久的裙撑，裙子的设计向更加开放的观念发展，裙摆拖地，长裙运用柔和的轮廓（图1、图2）。1910年，巴黎服装设计师保罗·波烈设计的霍布尔裙（Hobble Skirt）（图3），腰位线被大幅上提，露出脚面的裙摆在脚踝处被收紧，使女性走起路来婀娜多姿，让女性的腿部成为新的审美焦点，有着希腊长裙的简洁明快之风。一战时期，为了便于工作和行动，流行正常腰线、宽松裙摆并上提至靴子上沿的制服式裙装（图4），开创了现代女装制服化、男性化的先河，并一直影响至今。一战后，人们继续追求这种男式的直线造型，裙子的腰位线下降落在臀围上，掩盖了自然腰臀（图5）。20世纪30年代初，裙子的长度回落到离地面约25厘米的地方，在女装史上首次形成了紧紧包裹着臀部，裙摆从膝盖向下形成小喇叭型，呈现明显轮廓的裙形（图6）。1947年，为了迎合了战后人们的审美需求，法国著名服装设计师克里斯汀·迪奥（Christian Dior）推出新风貌（New Look）裙装，强调胸、腰、臀的曲线造型，在将腰部束起臀部加入垫子的同时，又再次赋予了裙子以宽松的大裙摆；随后，又推出郁金香型，更是将裙摆提至离地40至43厘米，使裙子具有花瓣般美丽的下摆，在当时引起了很大的轰动。20世纪80年代后，上宽下窄具有明确造型和阳刚之美的包身筒裙又成为时尚。20世纪90年代女裙的总体特征是兼收并蓄，如20年代的低腰长裙、30年代的柔软裁剪、60年代的超短风貌……这些又在人们的衣柜中找到了归宿。不仅如此，更加前卫、更加具有融合文化现象的裙子也竞相出炉，如维斯特伍德设计的"华丽的没落"、川保久玲的"纯洁的天使"以及马克·奎恩的"另类"等。

图1 1905年沃斯长裙

图2 1907年柔和轮廓的长裙

图3 1910年霍布尔裙

图4 制服式裙装

图5 低腰裙

图6 下摆小喇叭裙

第三节　裙子特征

　　形制上，裙子可分为套穿式和围系式，以套穿式居多。通常由裙腰和裙体两部分构成，有的裙子只有裙体而无裙腰。裙下摆长度至少盖过臀沟。在样式演变过程中，裙子变化丰富：裙腰有高腰、中腰、窄腰和无腰型的；裙身可有门襟、系扣或围裹式的，也可无门襟、套穿的；裙长有超短、短、中、长和及地式。

　　裙子面料的丰富多彩和众多变化让人目不暇接。各色的印花、提花或素色丝绸、全棉、棉涤、涤纶和锦纶等材料都应用在裙子的设计上。尤其在现代的裙子中，随着结构、造型的简约设计，面料的应用更加成为促使裙子变化多样的一部分了。在天然纤维面料和化学纤维面料广为应用的今天，新型面料在裙子的变化中越来越多地被使用。为了追求意想不到的视觉效果，设计师们在设计中运用了诸多常人所不用的新材料进行大胆创新，如各种具有强烈厚薄差异的面料组合，以及陶瓷、塑料、有机玻璃、金属片和贝壳、绳结网状材料都被移入了超现代派的裙装中。

第四节　裙子分类

　　根据裙子的造型、款式、腰头的高低、裙子的长度、裙摆的大小等，裙子有各种名称。在造型上，有直裙、斜裙和节裙等；在腰头的高低上，可分为高腰裙、自然腰裙、低腰裙、连腰裙和无腰裙等；在长度上，有超短裙、短裙、及膝裙、过膝裙、中长裙、长裙、拖地长裙等；按裙摆的大小来分，通常分为紧身裙、半紧身裙、直筒裙、斜裙、半圆裙和整圆裙等。

　　从裙子的结构来说，裙子的"线"变化丰富，装饰线、分割线除了原来的横、竖、斜、曲线的运用，还采用了各种自由线条，并且将实用性与审美性统一起来。除此之外，在裙子的结构变化中，还运用了大量的装饰设计，如襻带、口袋、流苏、花边等来强调裙子的美观。值得一提的是，现代裙子的款式造型观念，在追求美的同时，更加注重以人为本的设计取向，因此，现代裙子的设计更具有舒适性。

第五节　经典品类款式

- 霍布尔裙（hobble skirt），又名姗姗裙。1910年，法国高级女装设计师保罗·波华亥（Paul Poiret）设计并倡导。一种下摆紧窄、裙长至脚踝、臀部略宽的斜开衩式裙型（图7）。
- 香奈儿套裙。由香奈儿女士推出的套裙装，将男性风格融入女性服装，直线条剪裁简单优雅，不强调曲线，纤细且实用，秉承舒适、方便、实用的原则，散发着女性自由散漫的独特个性（图8）。
- 新风貌裙（new look skirt），1947年春由法国高级女装设计师克里斯汀·迪奥（Christian Dior）推出"新风貌"而闻名。具有鲜明的女性主义设计风格：圆裙长及小腿，采用黑色毛料加上细致的褶皱，急速收起的腰身与加垫的臀部有着强烈对比效果，整体形象丰满、优雅华贵，具有浪漫女人味和摩登时代感（图9）。
- 超短裙（skimp skirt），又称迷你裙（mini skirt），由英国设计师玛丽·奎特（Mary Quant）于20世纪60年代初率先推出，迅速引领国际街头时尚流行。1965年，法国高级女装设计师安德烈·库雷热（Andre Courrege）将迷你裙以"太空时代"主题推向国际主流社会（图10）。
图11～图18为各年代的经典款式。

图7 霍布尔裙

图8 香奈儿套裙

图9 新风貌裙

图10 迷你裙

图11 1907年长工字褶裙

图12 1956年赫迪雅曼粗花呢套装一步裙

图13 1970年沙滩装棉质长裙

图14 1971年圣罗兰百褶裙

图15 1973年格子一步裙

图16 1976年碎褶大摆裙

图17 1982年迷你短裙

图18 1984年紧身迷你裙

第二章

款式图设计
（A型）

百褶搭片半身中长裙

百褶前短后长半身裙　　　　　　　百褶H分割半身中长裙

百褶小细褶中长裙

褶裥长裙   重构衬衫款半身裙

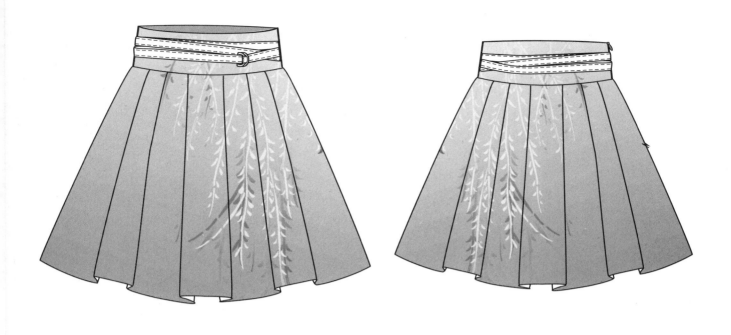

波浪腰带印花高腰半身中裙

百褶拼接双层半身短裙

百褶腰襻短裙

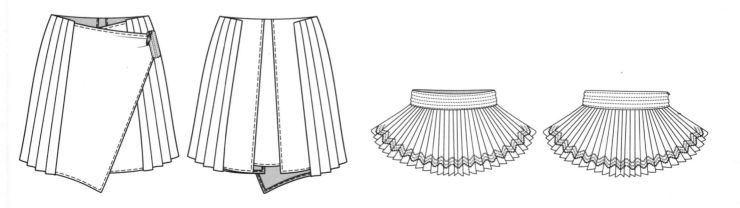

百褶后片盖叠短裙

百褶牛筋腰短裙

波浪下摆前长后短侧边按扣半身裙

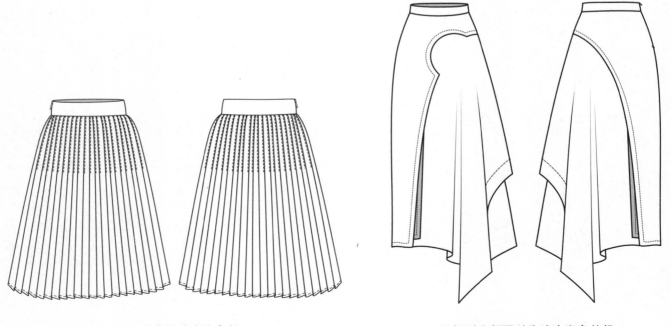

百褶隐拉波浪半身裙

不规则分割不对称波浪半身长裙

波浪腰带中长裙

百褶半身裙

波浪前长后短半身短裙

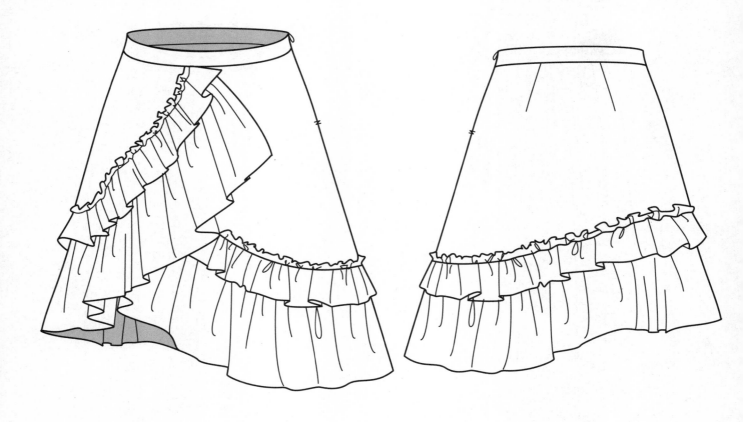

波浪褶皱不对称半身裙

波浪上腰侧拉链半身长裙

腰前飘带装饰长波浪裙

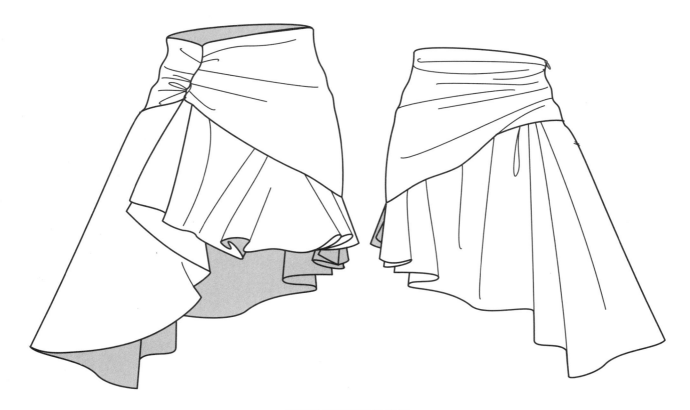

不对称波浪褶皱半身裙

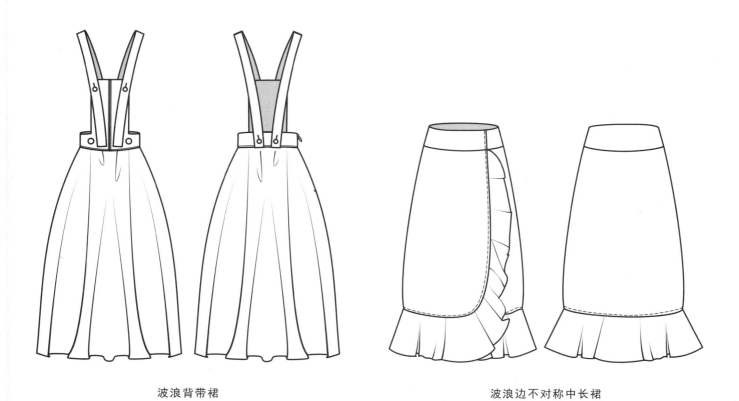

波浪背带裙

波浪边不对称中长裙

不对称波浪褶半身长裙

月亮形分割褶皱后拉链半身长裙

波浪长裙

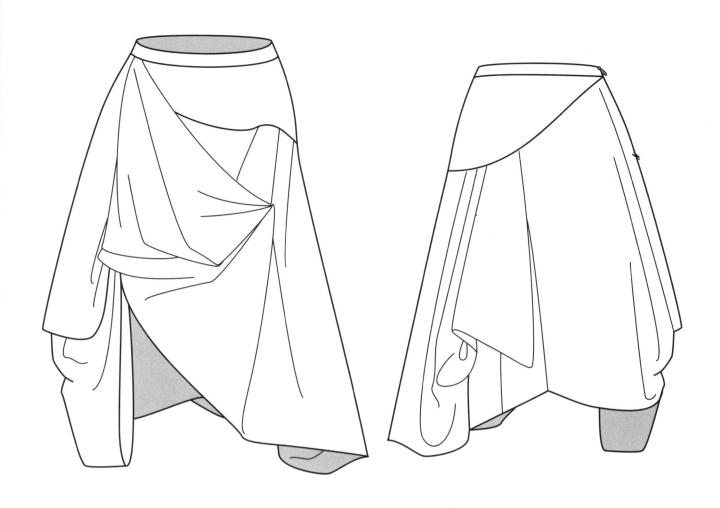

不对称波浪褶皱半身裙

不对称波浪分衩半身中长裙

不对称波浪半身裙

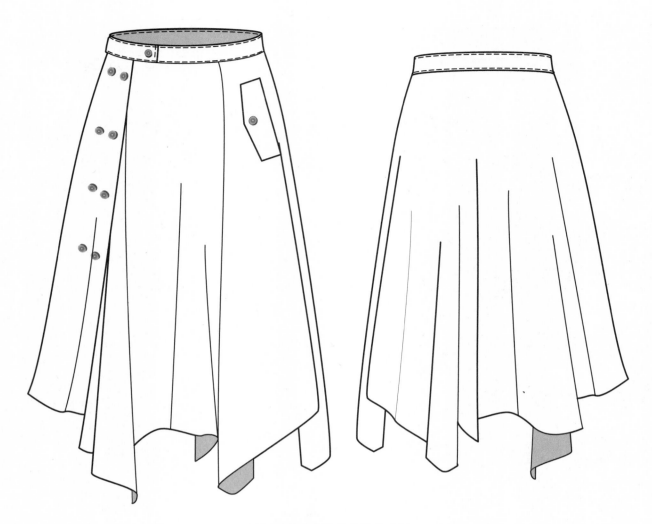

不规则波浪装饰扣袋盖半身裙

腰部两层下摆流苏波浪中长裙

不对称搭片扣襻装饰半身裙

不规则波浪半身裙

不对称单肩半裙

斜向多分割半身裙

不规则分割波浪门襟装饰扣半身裙

不规则波浪半身长裙

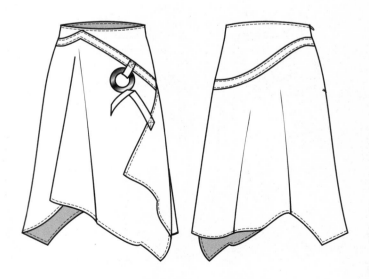

不规则拉环设计分割半身裙

抽褶波浪不对称半身裙

不规则小波浪半身裙

不规则多层波浪造型半身裙

搭片波浪长裙

腰部系带底摆波浪裙

腰部扎系不对称大波浪长裙

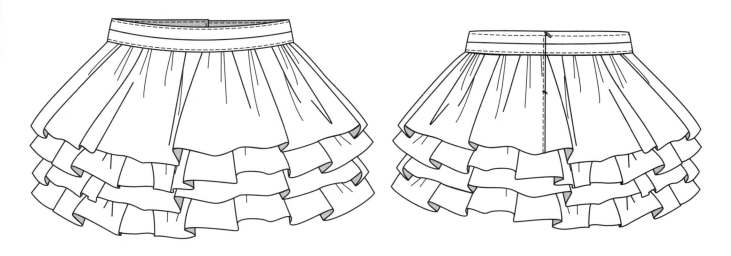

多层波浪叠盖波浪裙

百褶半身短裙

波浪系带半身短裙

不规则下摆百褶装饰性褶皱花边前短后长半身裙

不对称褶皱半身中裙

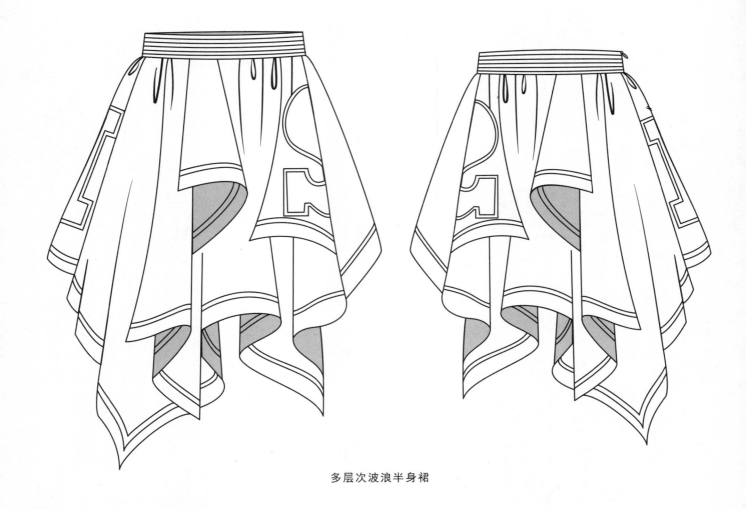

多层次波浪半身裙

斜插袋下摆百褶腰部松紧带中长裙

斜襟波浪褶半身裙

翻折波浪后中拉链半身裙

下摆翻折装饰扣中长裙

下摆长短变化波浪裙

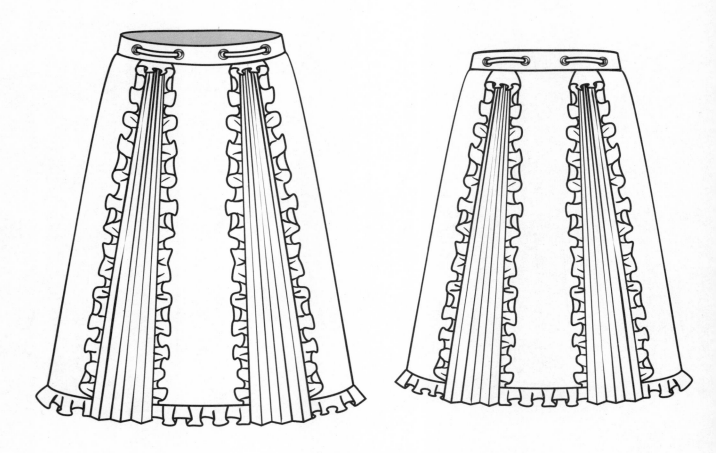

分割波浪边半身裙

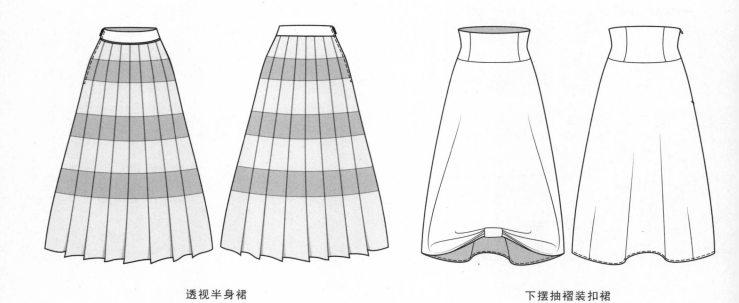

透视半身裙

下摆抽褶装扣裙

分割蕾丝装饰后中拉链短裙

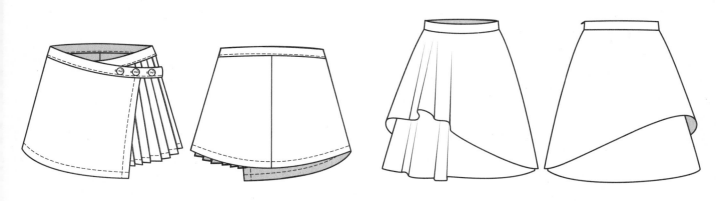

不对称搭片百褶装饰扣短裙　　　　　不对称双层波浪半身短裙

大波浪中腰半身中裙　　　　　大口袋装饰扣牛仔裙

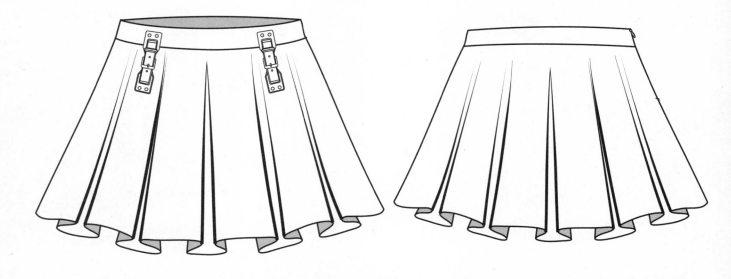

工字褶半身短裙

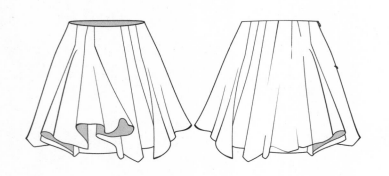

不规则波浪半身裙

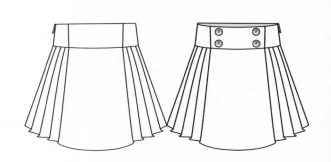

侧边百褶宽腰带装饰扣侧边隐拉半身裙

大片百褶半身裙

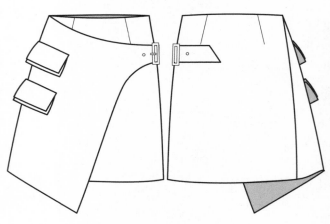

袋盖装饰搭片半身短裙

蝴蝶结装饰褶皱口袋下摆蕾丝短裙

不规则翻折半身裙

不规则裙边拉链装饰半身短裙

袋盖装饰扣波浪短裙

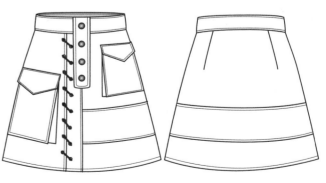

多边不规则口袋半身裙

蝴蝶系带多层波浪叠盖波浪裙

抽褶波浪短裙

抽褶腰波浪短裙

多层波浪叠盖半身短裙

多次波浪叠盖细褶松紧腰短裙

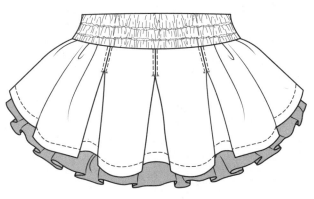

牛筋腰工字褶波浪裙

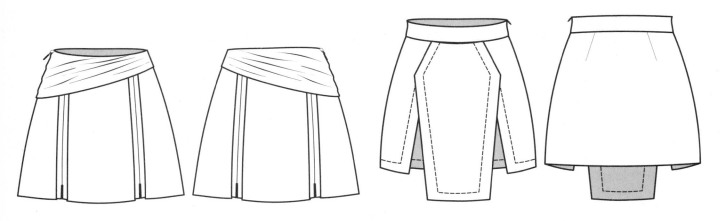

搭片分割隐拉半身短裙

搭片式分衩半身短裙

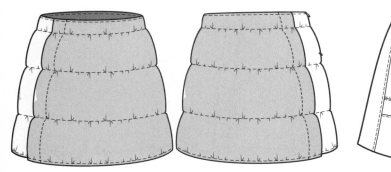
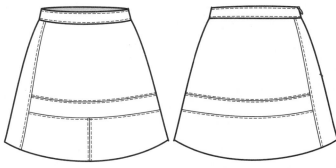

分割面包裙

分割拼接半身裙

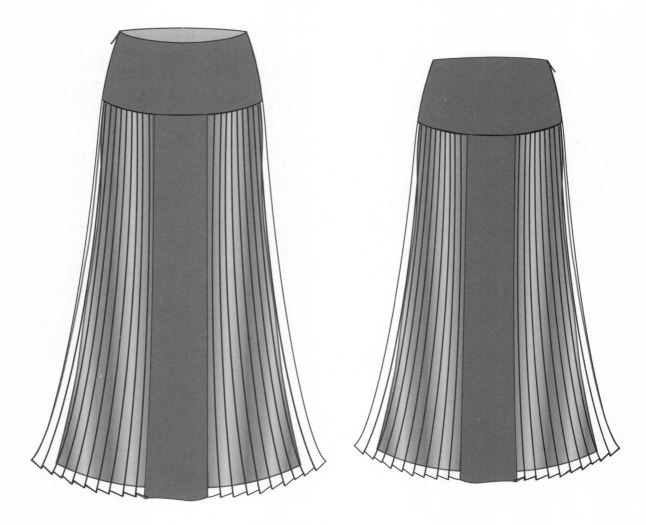

双层装腰百褶半身长裙

翻折式口袋系带波浪半身裙

分割波浪中裙

系带褶裥中长裙

分割波浪半身长裙   高腰细褶波浪塔裙

细腰带细褶波浪短裙

褶裥波浪裙

中腰腰带斜挖袋盖片半身短裙

高腰钉扣大波浪半身中裙

分割辑线装饰扣短裙

细褶双层波浪不对称半身裙

纵向波浪荷叶边半身裙

前中开衩碎褶A型裙

小细褶波浪半身裙

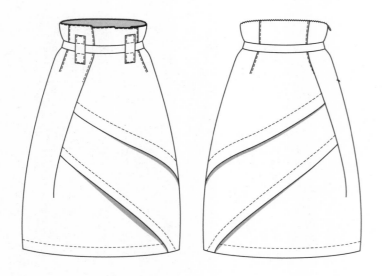

裙身褶裥不对称裙

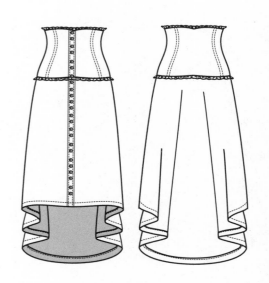

收腰前短后长波浪半身长裙

斜下波浪中长裙

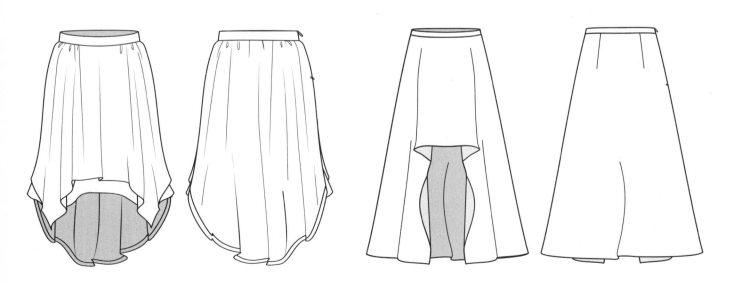

前短后长中腰不对称双层褶皱半身长裙　　　　前短后长波浪褶半身裙

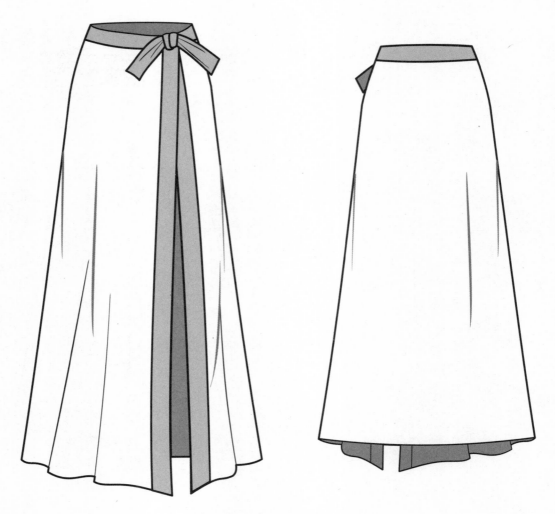

腰带波浪分开式长裙

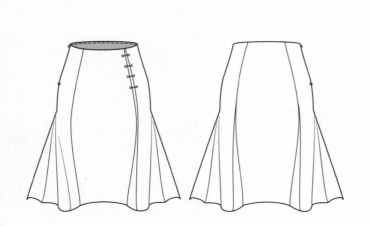

裙摆两侧波浪摆裙

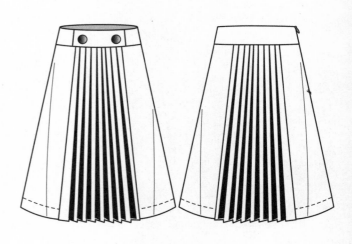

裙中百褶裙

腰带不对称波浪下摆半身裙

撞色曲线装饰拼接短裙

蝴蝶结装饰细褶波浪半身短裙

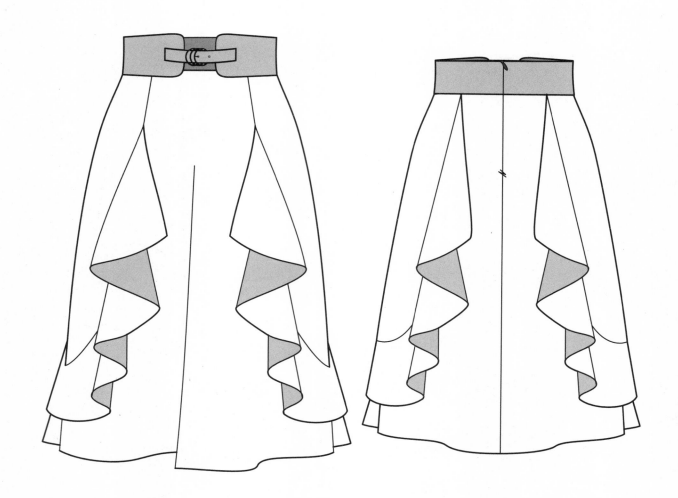

腰带分割波浪边半身裙

双层单口袋不对称短裙

假两件波浪半身裙

腰带工字褶口袋辑线半身裙

前中大工字褶半身裙

简易波浪半身裙

腰带褶裥半身裙

装饰拉链中长裙

口袋不对称波浪中长裙

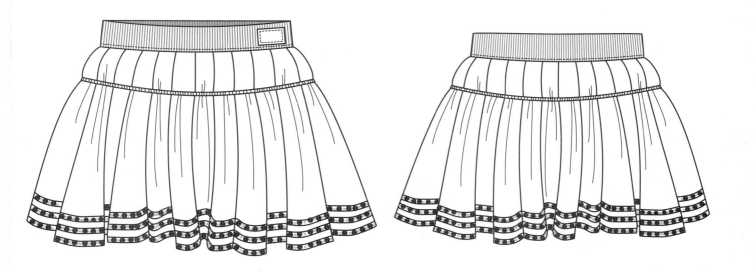

腰襻波浪细褶半身短裙

高腰系带细褶波浪半身短裙

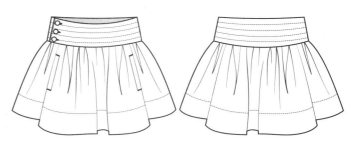

高腰细褶波浪裙

口袋装饰扣分割短裙

口袋造型半身裙

印花波浪褶皱半身短裙

后边隐拉大波浪半身裙

蝴蝶结系带波浪短裙

拉链分割拼接隐拉半身裙

两侧抽褶半身短裙

印花后片分割牛仔裙

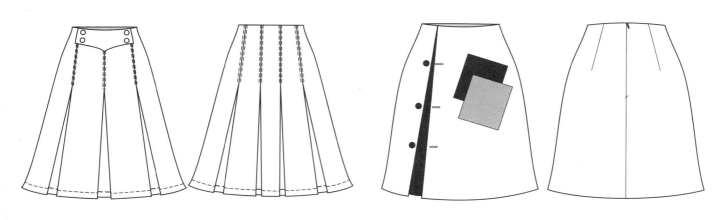

工字褶辑线半身裙　　　　　　　工字褶口袋半身裙

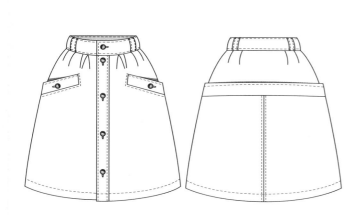

门襟装饰扣短裙

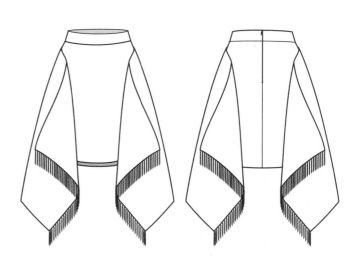

流苏口袋波浪半身裙

印花波浪短裙

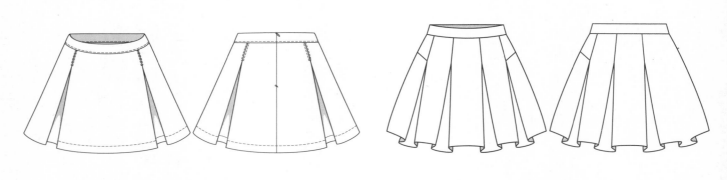

工字褶短裙　　　　　　　　　　　　　工字褶分割短裙

门襟装饰扣细褶波浪短裙　　　　　　　拼接内褶半身长裙

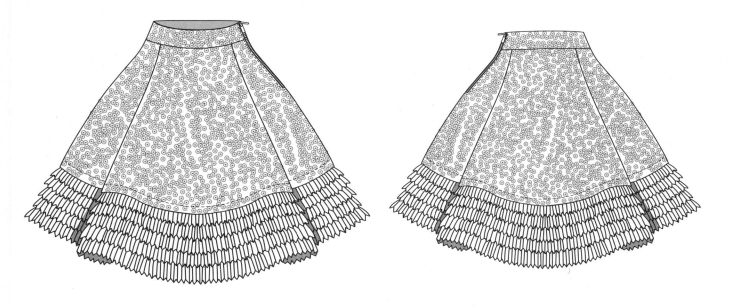

羽毛装饰波浪短裙

蝴蝶结腰带双层波浪裙　　　　　简单分割后中拉链短裙

拼接隐拉半身裙　　　　　拼接不规则半身短裙

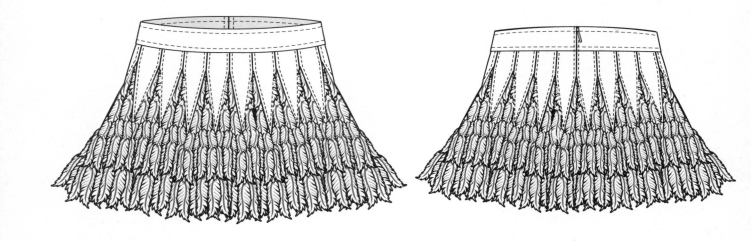

羽毛状立体面料多层半身短裙

金属链扣半身中裙　　　　　　　口袋百褶腰襻装饰短裙

三层波浪叠盖半身长裙

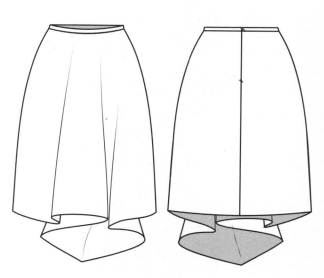

前长波浪中裙

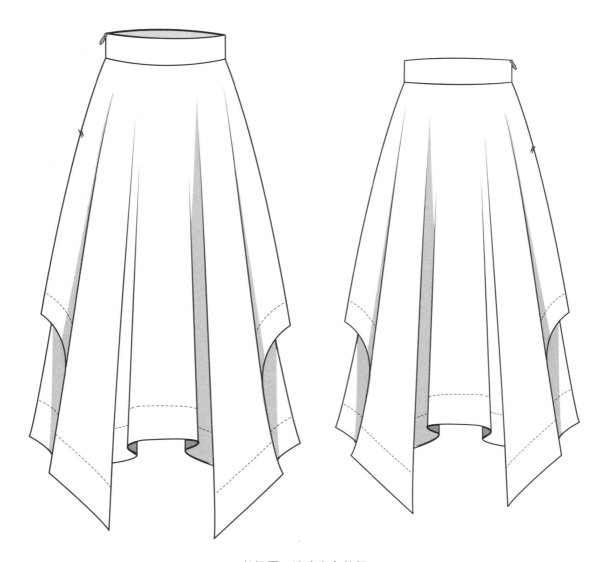

长短不一波浪半身长裙

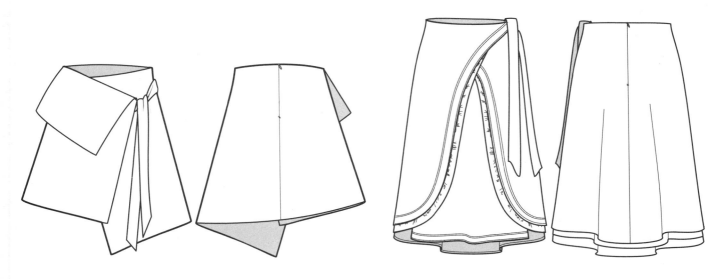

系带不对称半身裙　　　　　　系带双层波浪半身中长裙

褶裥小花边中长裙

褶皱长裙 省道波浪中长裙

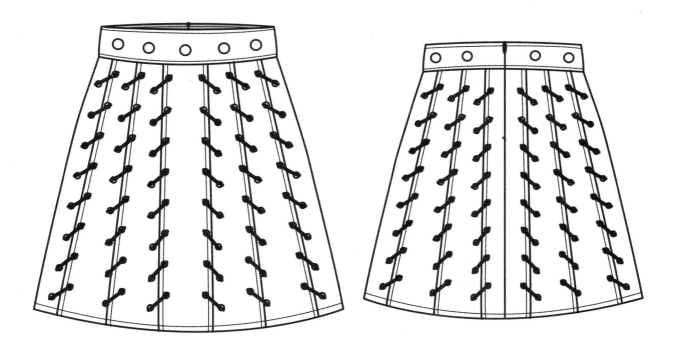

整片丝带装饰扣襻半身裙

松紧带褶皱波浪半身短裙

双排扣百褶短裙

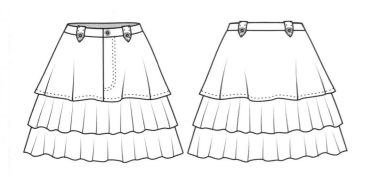

三层波浪褶门襟短裙

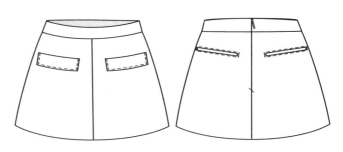

上腰假贴袋半身短裙

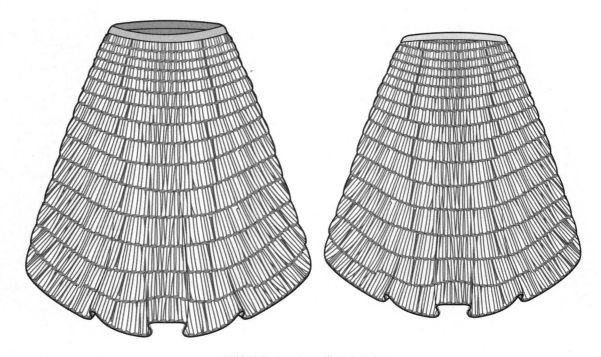

褶皱装饰点缀松紧带半身长裙

腰部装饰褶裥裙

腰带褶皱波浪短裙

细腰带大口袋波浪细褶短裙

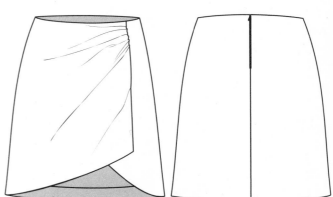

细褶不对称半身裙

百褶长裙

木耳边装饰斜开襟半身裙

细褶不规则波浪中长裙

波浪细褶裙

细褶小波浪半身裙

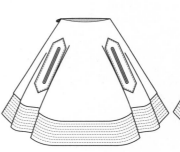
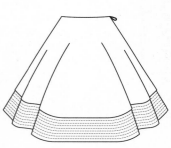

裙摆拼色裙

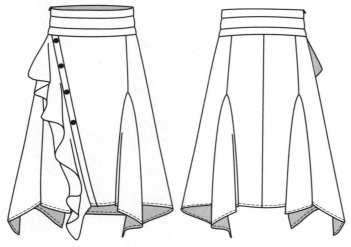

下摆插片波浪半身裙

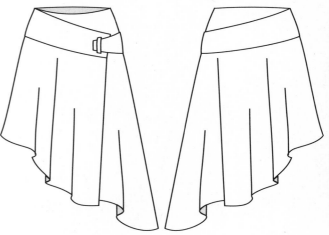

斜波浪襻扣半身中裙

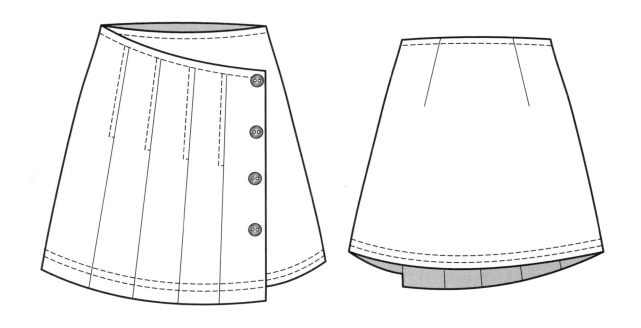

不对称装饰扣百褶辑线短裙

松紧带碎褶短裙   贴袋钉扣半身短裙

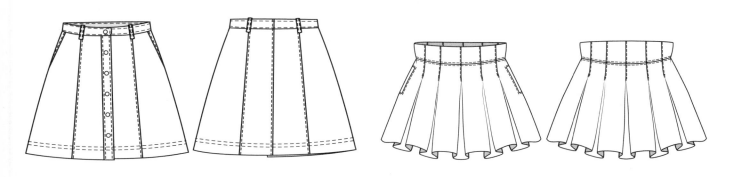

斜插袋上腰直线分割半身裙   中腰工字褶辑线短裙

流苏中长裙

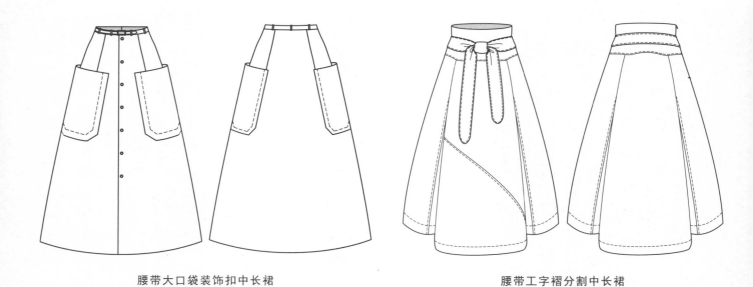

腰带大口袋装饰扣中长裙

腰带工字褶分割中长裙

褶裥长裙

腰部系带褶裥半身裙

腰带波浪中长裙

中长波浪裙

腰带波浪不对称半身裙

腰带不对称搭片半身中长裙

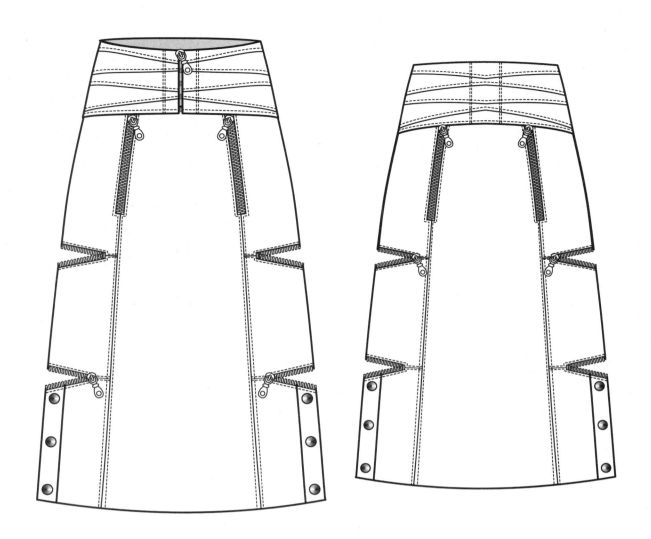

高腰拉链装饰扣半身中长裙

腰带双层波浪不对称半身裙　　　　　　　　　腰带弧线分割不对称半身裙

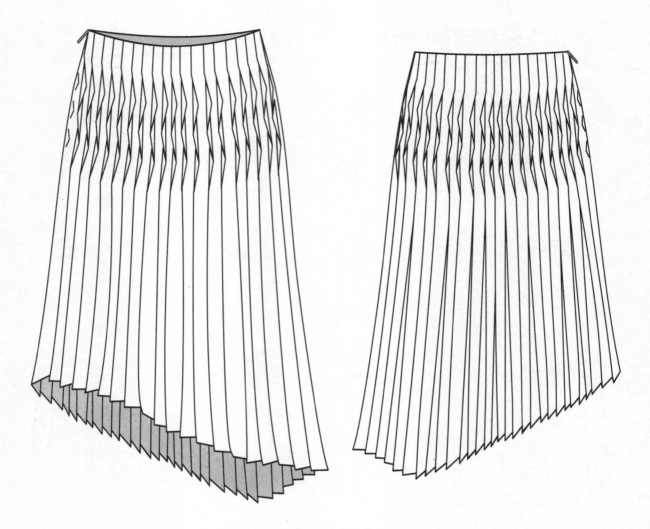

百褶不对称中长裙

开衩半身裙

腰带斜插袋褶裥半身裙

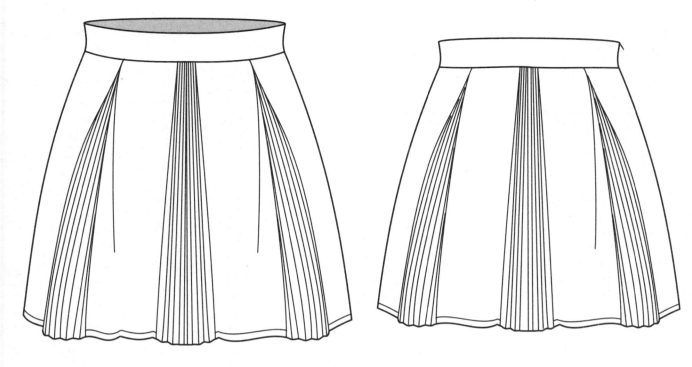

百褶插片裙

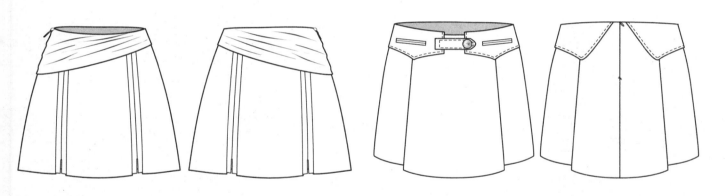

腰部搭片小开衩短裙

腰部扣襻装饰短裙

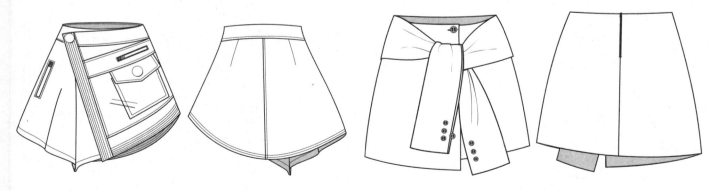

斜门襟不对称口袋半身裙

袖子式腰带半身裙

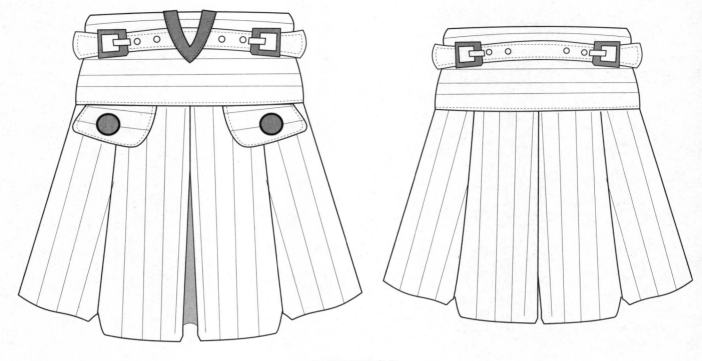

百褶高腰半身裙

腰部系带百褶短裙　　　　　　　　腰部系带短裙

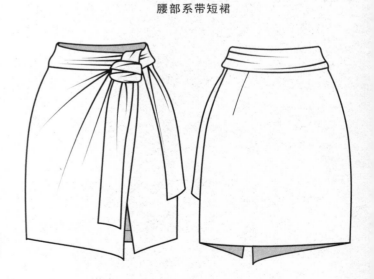

腰带斜拉链装饰短裙　　　　　　　腰带褶皱半身短裙

波浪短裙

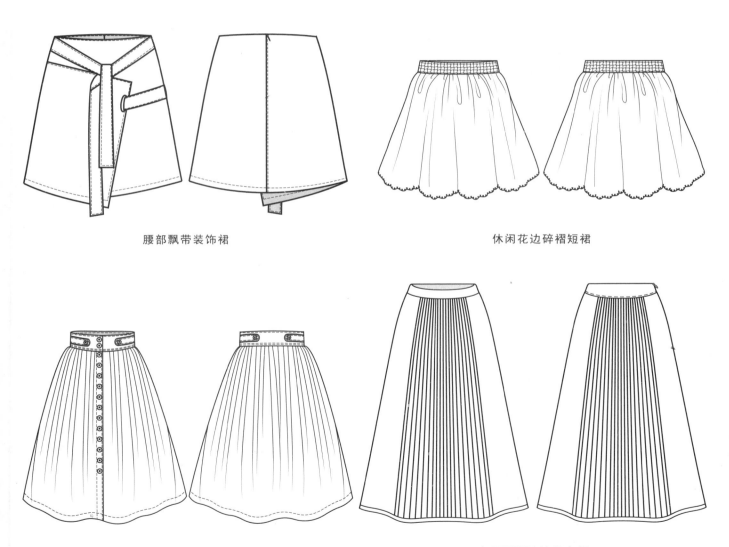

腰部飘带装饰裙

休闲花边碎褶短裙

腰襻装饰扣细褶半身裙

中间百褶波浪半身裙

波浪褶局部垂挂裙

两面工字褶中长裙　　　　　　　　立体装饰条半身裙

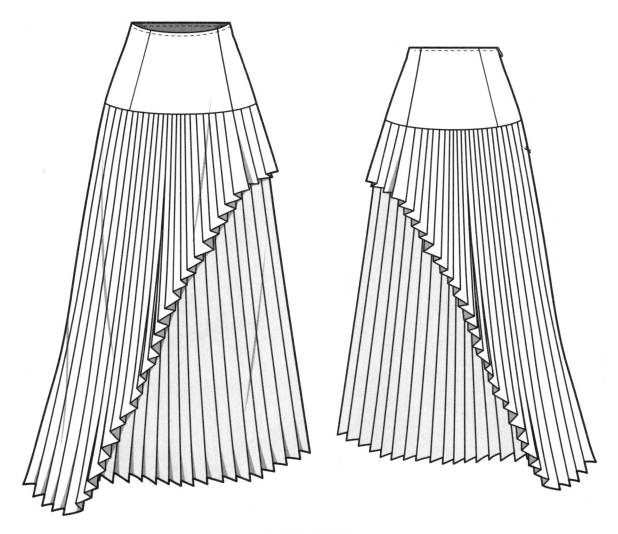

不对称双层百褶裙

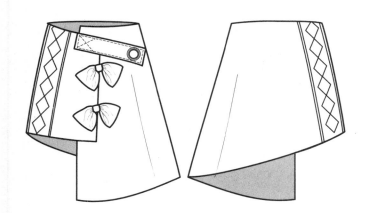

长短不一蝴蝶结装饰半身裙

褶裥波浪后中拉链半身短裙

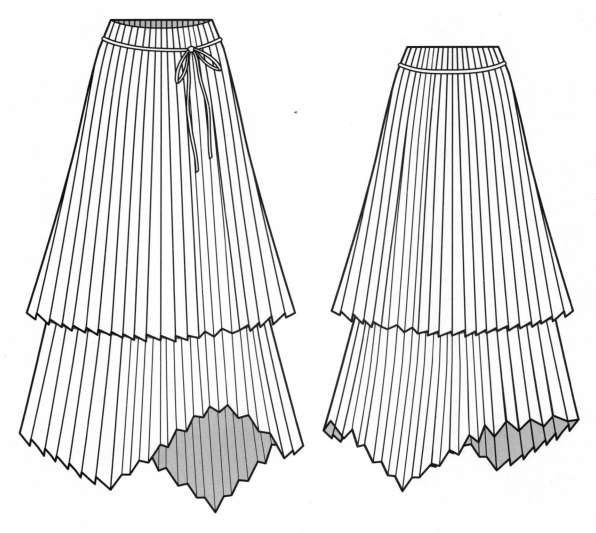

不规则多层次百褶裙

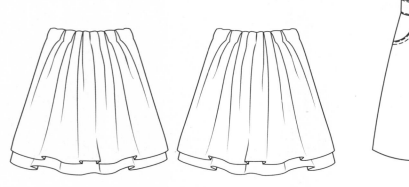

褶皱松紧带双层半身短裤

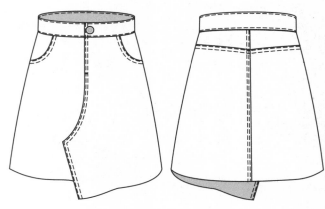

月牙带牛仔短裙

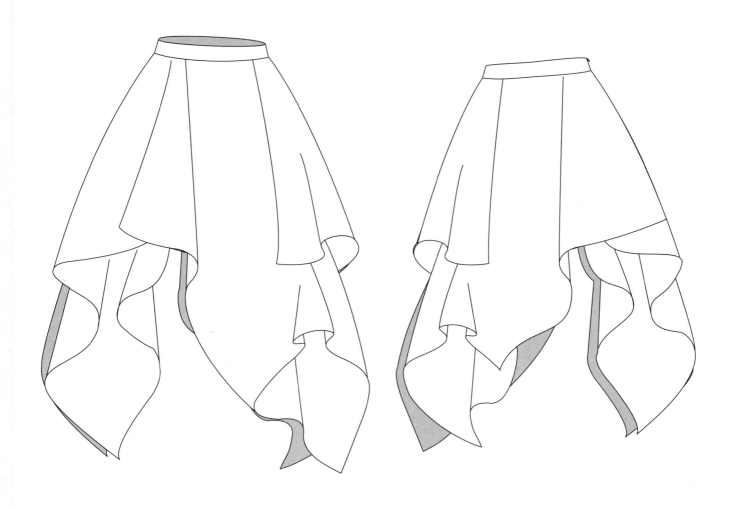

不规则裙摆半身裙

斜插袋褶皱中长裙

中腰拼接下摆波浪半身裙

层次波浪褶塔型裙

腾部垂褶带子装饰裙　　　　　　　腾部彩条V型装饰裙

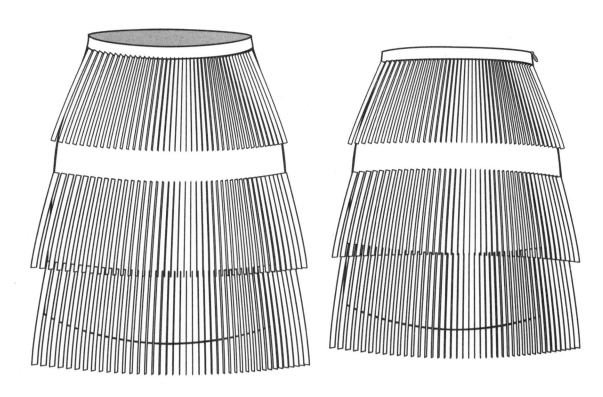

多层次流苏裙

双拉链短裙

收腰褶裥分片短裙

波浪褶皱腰部装饰扣半身短裙

波浪褶皱短裙

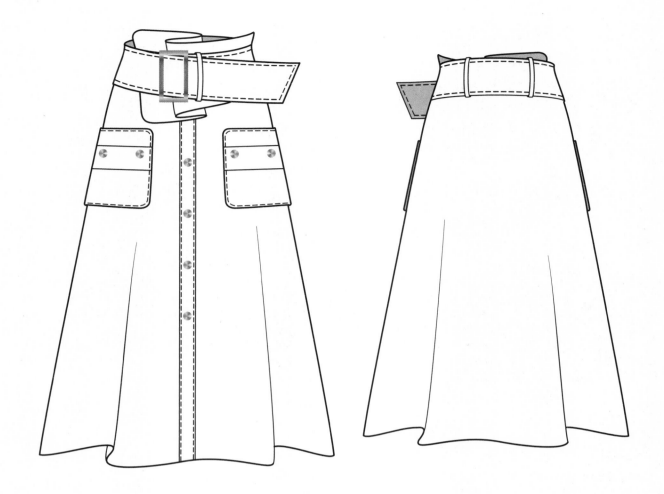

粗皮带双口袋装饰裙

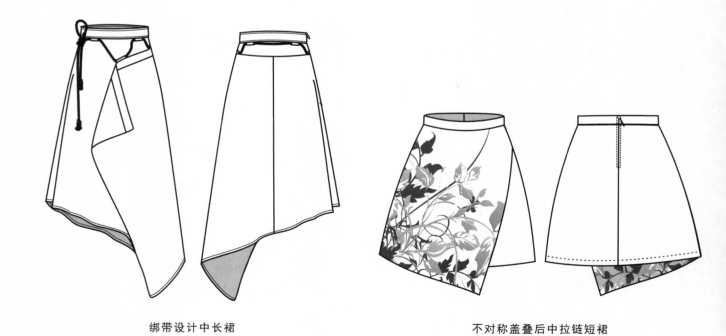

绑带设计中长裙

不对称盖叠后中拉链短裙

粗腰带扎系分割裙

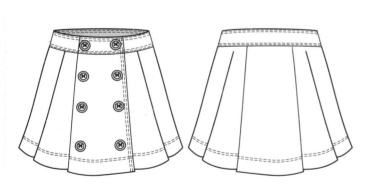

装饰扣波浪短裙

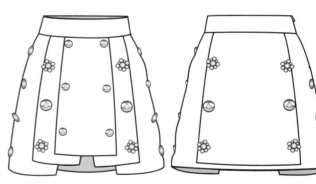

装饰扣短裙

蝴蝶结工字褶半身裙

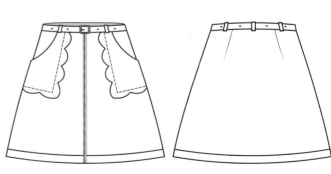

花瓣口袋半身裙

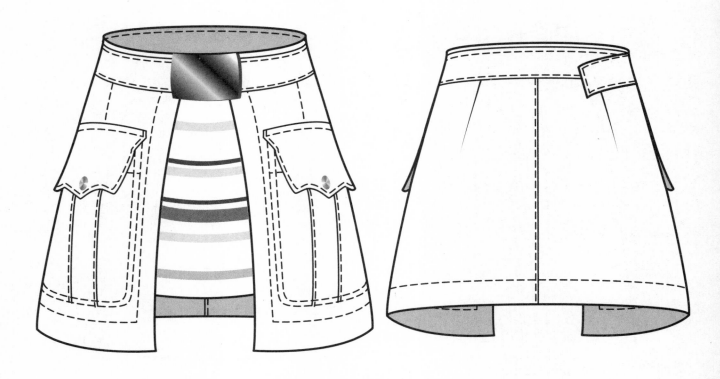

大口袋辑明线短裙

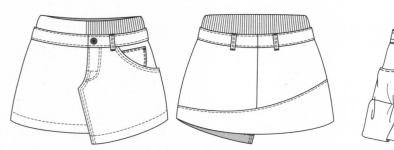

月牙袋不对称牛仔裙

月牙袋抽褶短裙

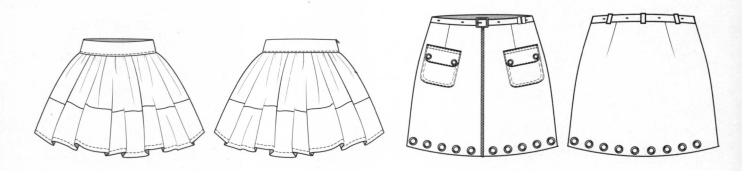

简易波浪裙

腰带口袋前中拉链短裙

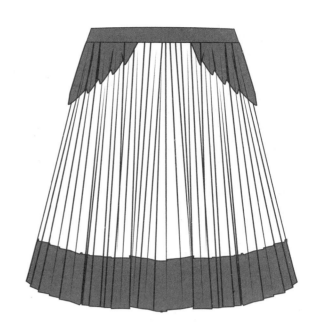

低腰百褶裙

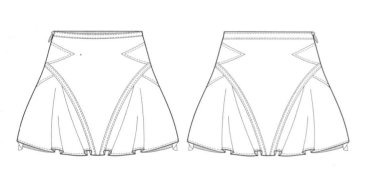

压明线下摆波浪裙

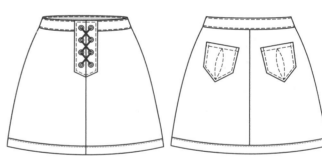

腰部绑带半身裙

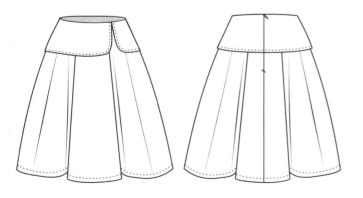

旗袍领型腰波浪中裙

双口袋半身裙

低腰不对称波浪短裙

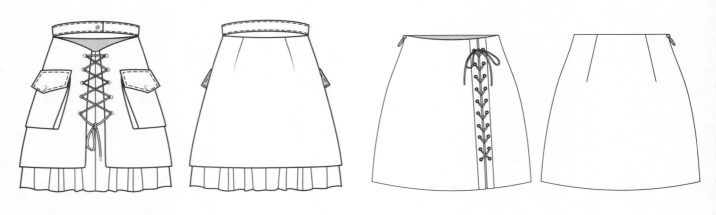

前面系带双层裙

前身绑带装饰短裙

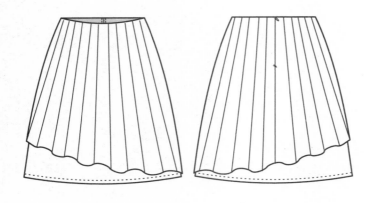

双层波浪短裙

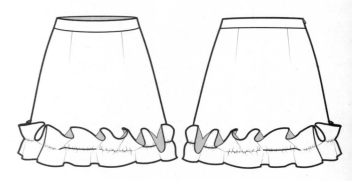

下摆木耳边半身裙

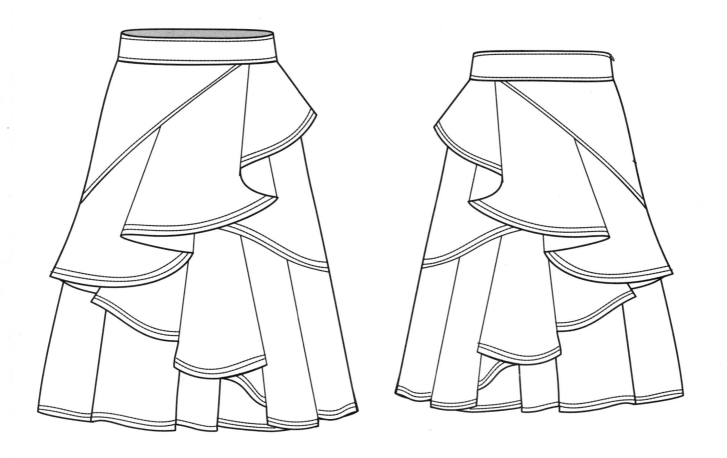

多层次不对称波浪裙

拉链口袋半身裙

双层工字褶中长裙

分割牛仔短裙

三层低腰工字褶半身短裙

裤裙

双褶裥波浪中长裙

绑带蕾丝花边半身裙

分割波浪摆裙

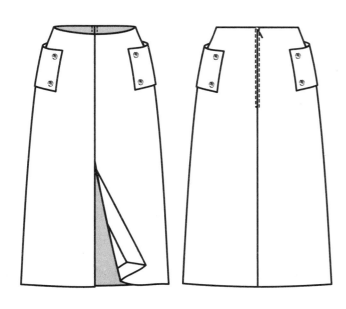

前片开衩装饰袋中长裙

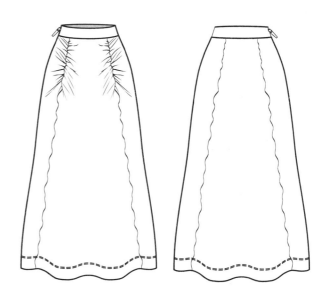

臀部抽褶H分割长裙

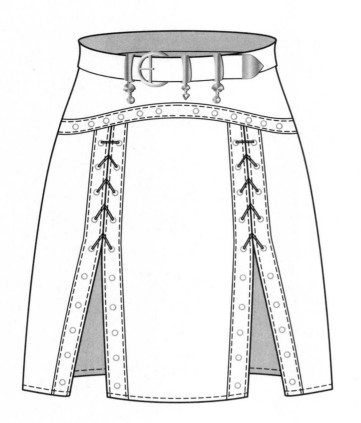
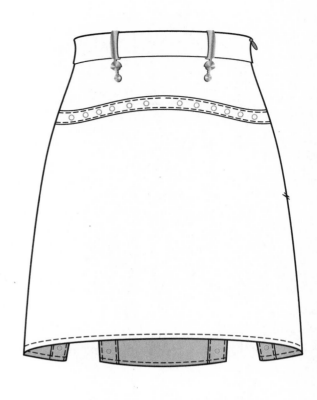

分割系带装饰裙

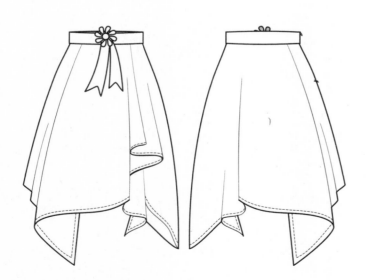

腰部花装饰波浪摆半身裙

斜搭扣半身裙

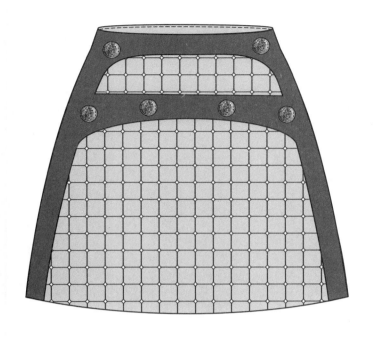

格子半身裙

腰部皮筋绑带碎褶裙

印花花边波浪半身中裙

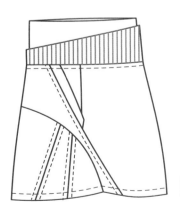

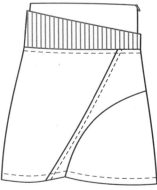

腰带纽扣斜侧袋半身裙

不对称分割休闲裙

格子呢毛边装饰裙

多分割短裙

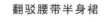

翻驳腰带半身裙

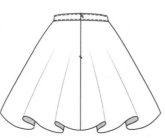

月牙袋装饰扣波浪裙

褶皱半身裙

挂穗装饰印花拼布裙

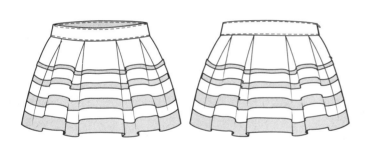

工字褶条纹腰带隐拉半身短裙

工字褶中腰侧拉对称半身短裙

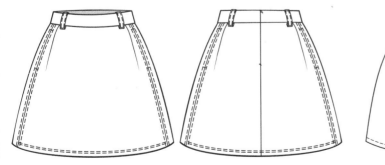

短裙

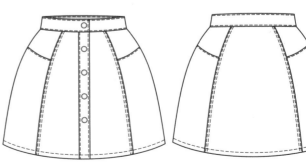

分割短裙

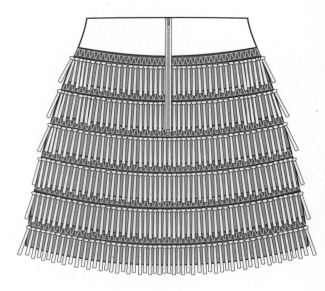

挂坠短裙

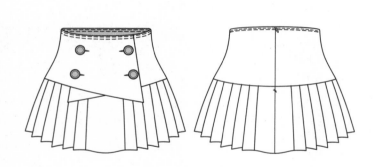

高腰双排扣百褶半身裙

高腰褶裥蓬蓬裙

腰带短裙

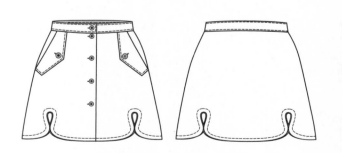

花瓣下摆半身裙

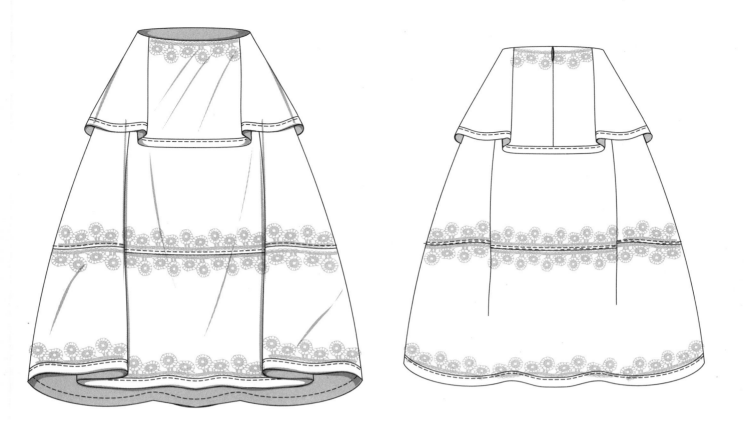

荷叶边褶波浪中长裙

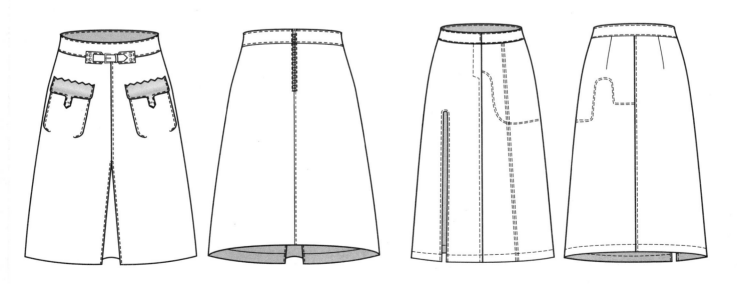

蝴蝶结装饰口袋工字褶半身裙　　　　　　牛仔明线开衩半身裙

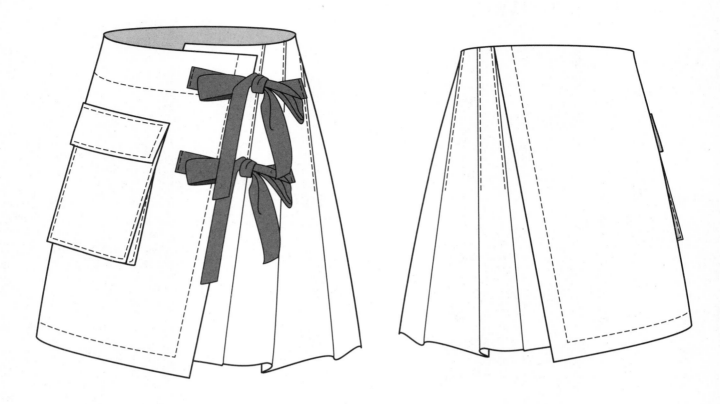

蝴蝶结系扎裙

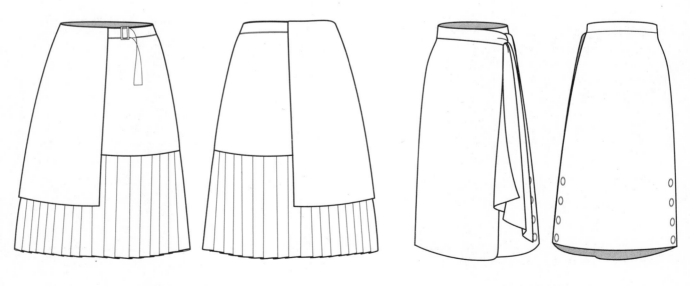

百褶长短不一扣襻半身裙

腰带围裙式中长裙

蝴蝶贴布绣前开衩牛仔裙

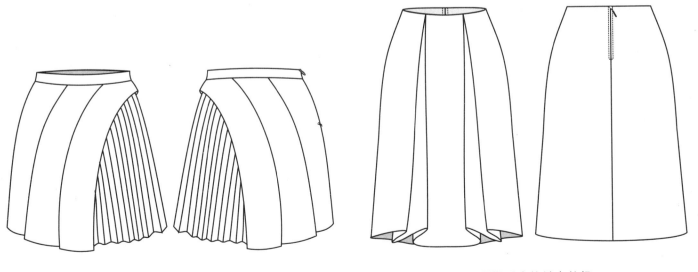

百褶分割短裙

双褶裥后中拉链中长裙

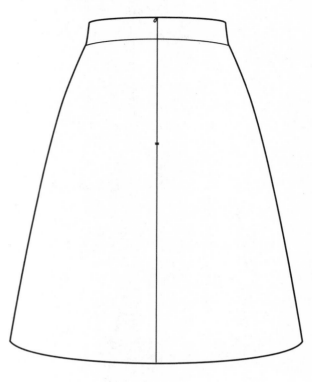

蝴蝶印花裙

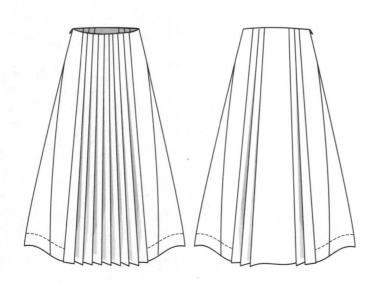

百褶元素中长裙

半身荷叶边裙

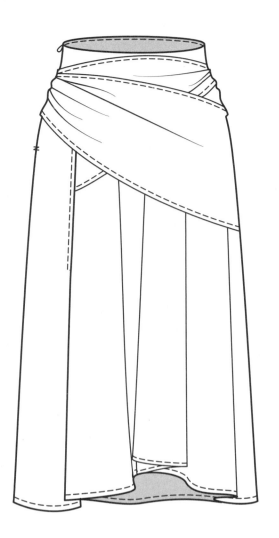
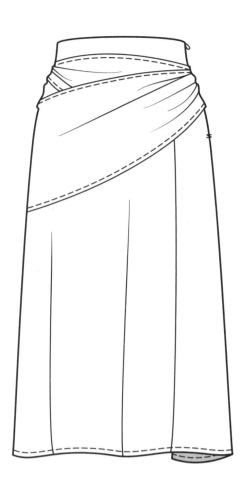

胯部交叉缠绕裙

波浪对褶蝴蝶结半身短裙

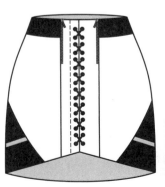

绑带显瘦半身裙

蕾丝装饰长裙

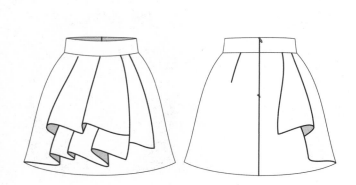

不对称波浪短裙

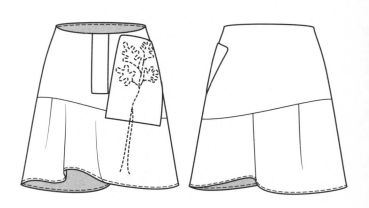

补丁式手工刺绣裙

立体装饰花长裙

波浪腰带短裙

波浪中长裙

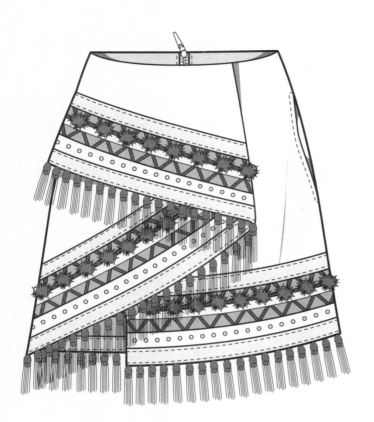

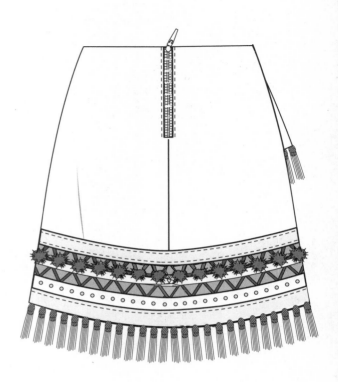

民族风流苏短裙

波浪中腰褶皱半身中长裙

宽腰带波浪裙

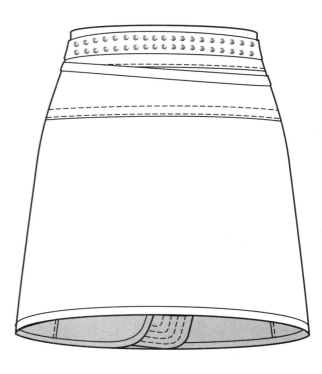

明线装饰系带裙

不对称波浪裙

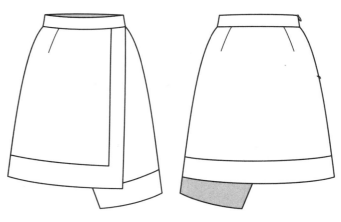

不对称短裙

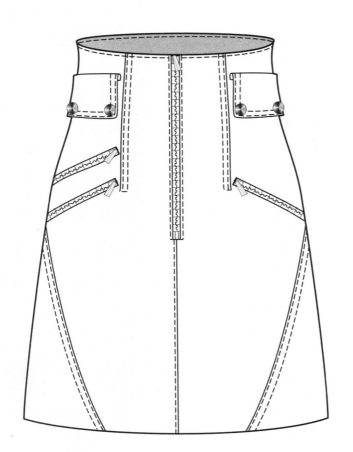
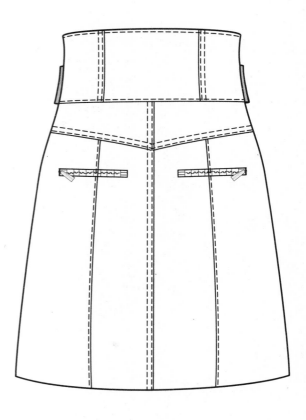

牛仔明线分割裙

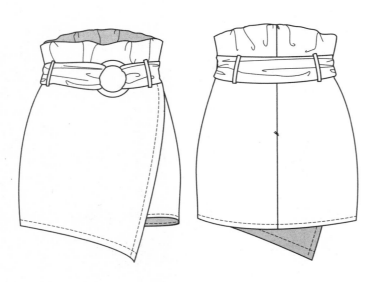
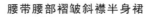

腰带腰部褶皱斜襟半身裙

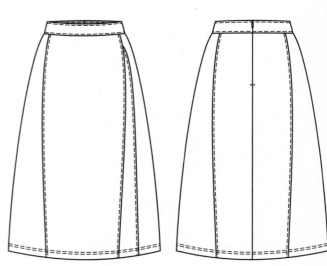

不对称分割长裙

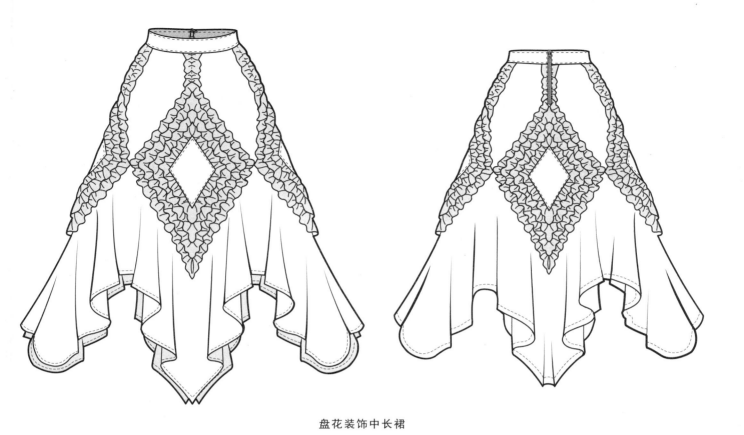

盘花装饰中长裙

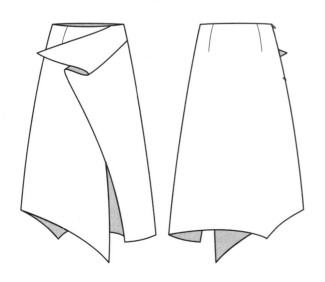

不对称分割中长裙

不对称开衩腰带长裙

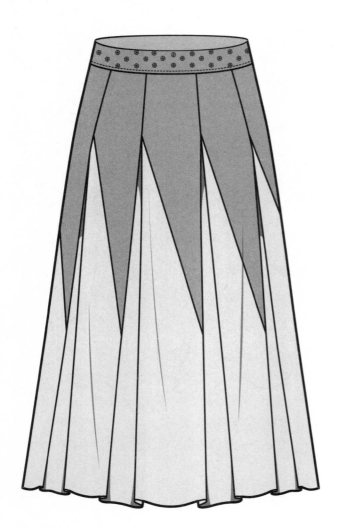

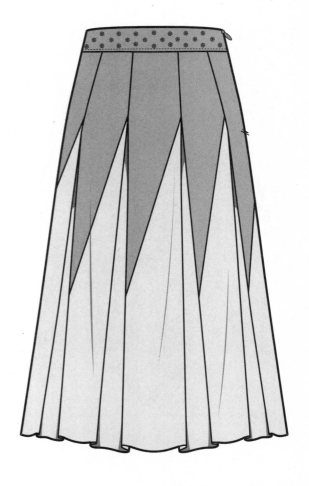

拼接波浪中长裙

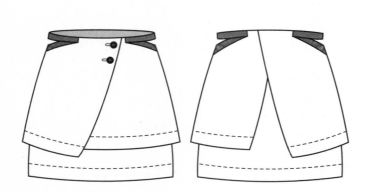

不对称双层裙

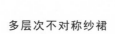

多层次不对称纱裙

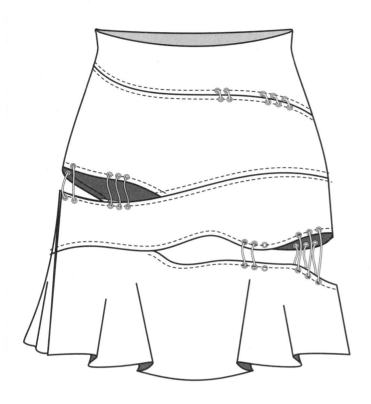

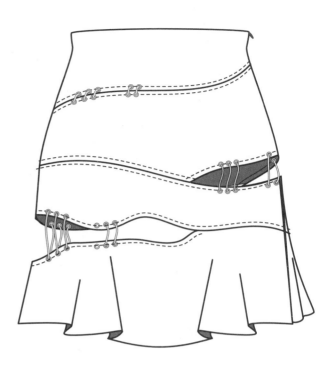

破损拼接裙

腰部碎褶裙

腰部系带蕾丝花边装饰长裙

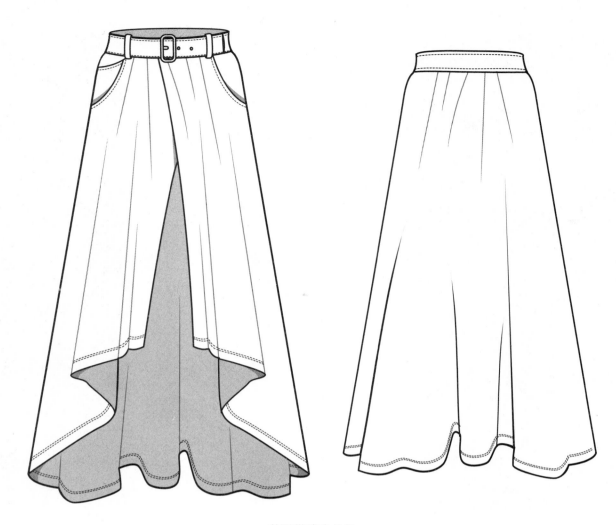

前开襟波浪长裙

腰带绑带波浪裙

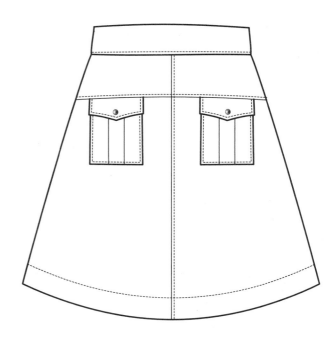

前面波浪褶贴片裙

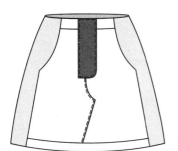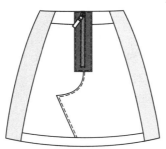

创意半身裙

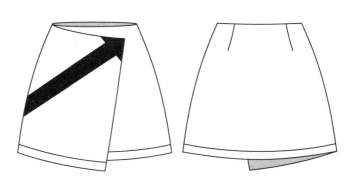

创意箭头半身裙

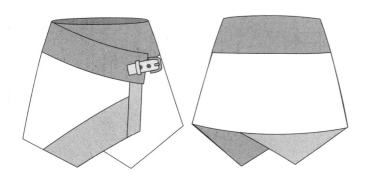

搭扣半身裙

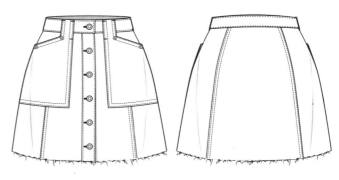

大口袋分割短裙

裙摆花边装饰裙

大口袋牛仔裙

大口系腰带不对称短裙

裙身细蕾丝边装饰抽碎褶裙

不对称褶裥长裙

带盖装饰波浪裙

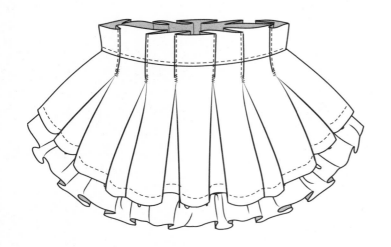
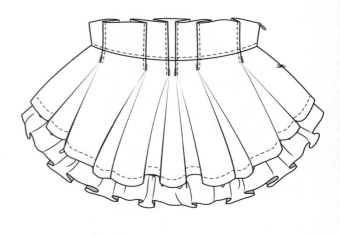

双层工字褶半身短裙

牛筋宽腰褶皱波浪短裙

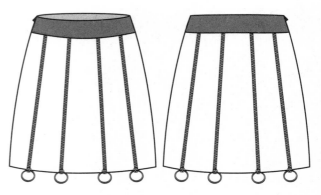

拉链裙

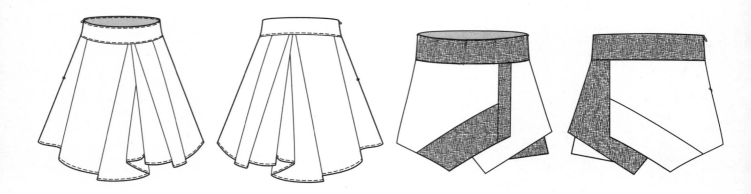

不规则波浪裙

多层次不对称裙

碎褶波浪短裙

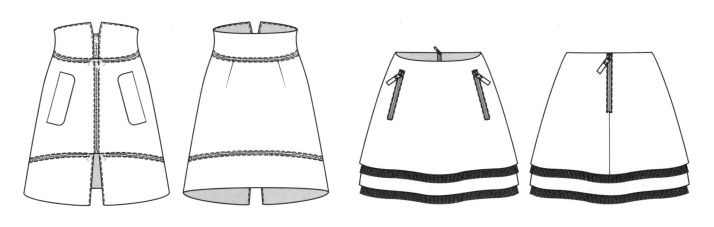

拉链装饰高腰裙　　　　　　　　　　流苏拉链口袋半身裙

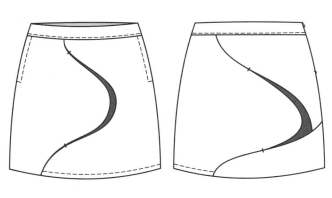

分割短裙

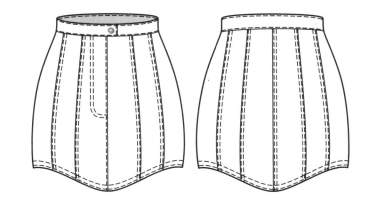

分割辑明线装饰裙

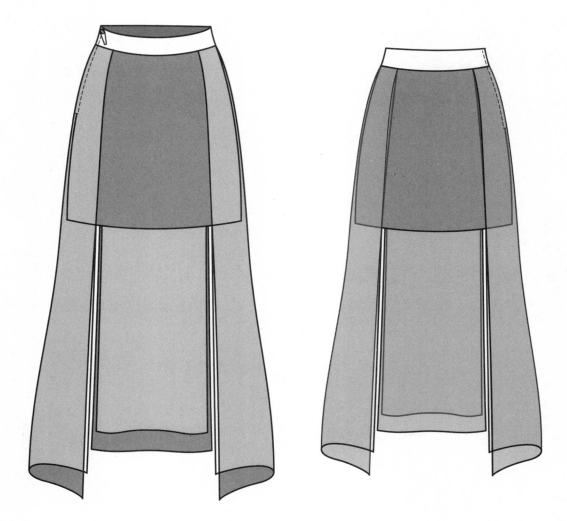

透视薄纱长裙

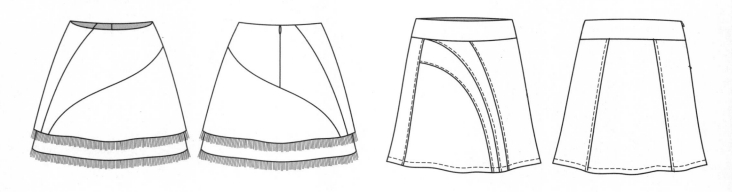

分割流苏短裙

分割褶裥短裙

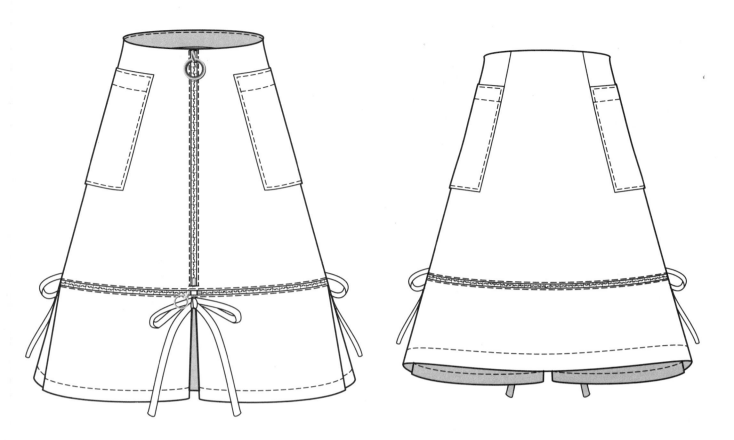

系带拉链装饰裙

衍缝半身裙

立体口袋及膝半身裙

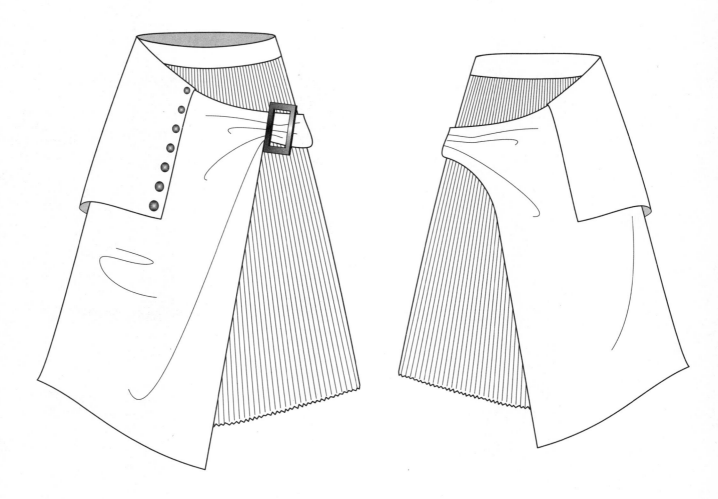

细百褶不对称半身裙

拉链半身裙

拼接半身裙

下摆细毛边装饰长波浪裙

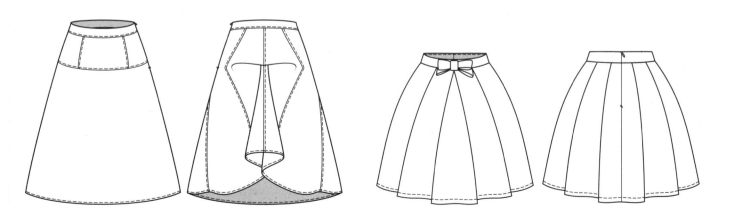

后片立体结构裙

蝴蝶结褶皱小礼裙

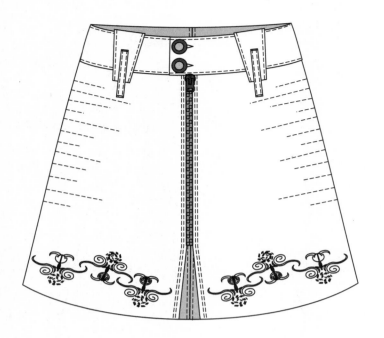

线迹牛仔裙

工字褶长裙　　　　　　　　荷叶边裙

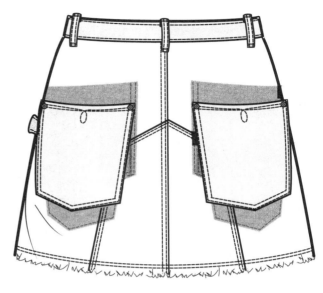

斜插袋贴袋牛仔裙

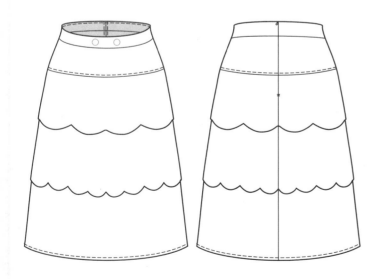

花瓣型多层裙

假两件长裙

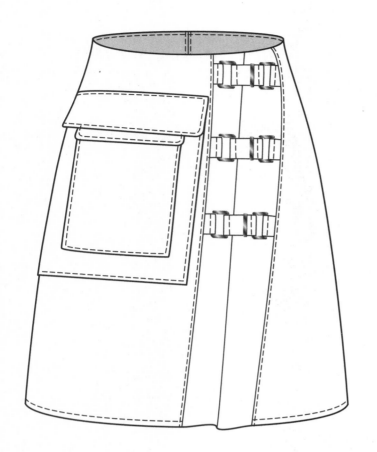
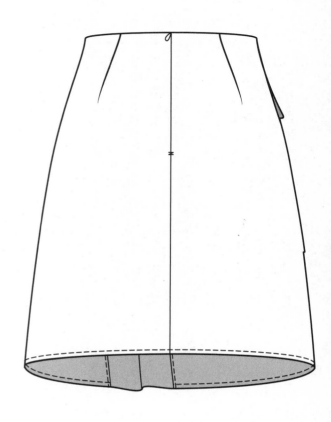

斜襟大口袋装饰裙

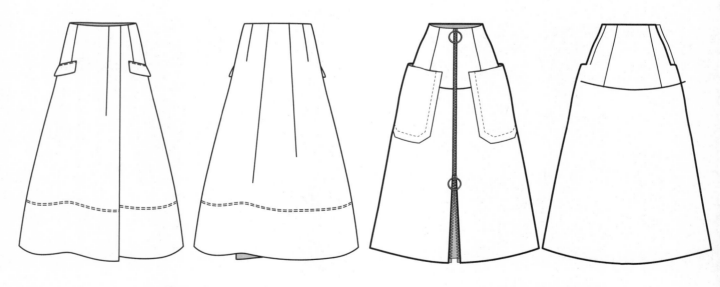

简约长裙　　　　　　　　　　　金属拉链大口袋半身裙

第三章

款式图设计
（H型）

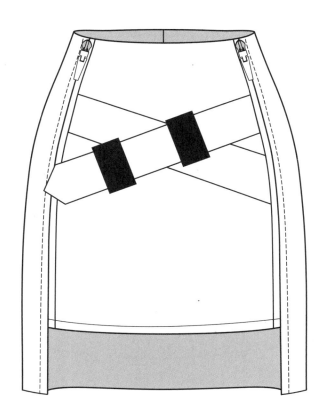

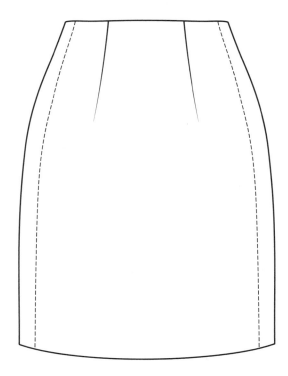

分割拉链前短后长短裙

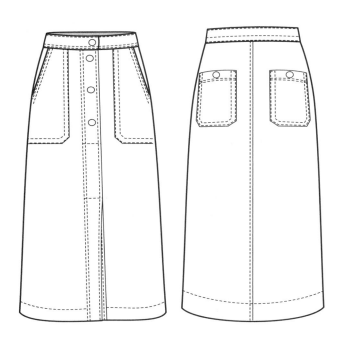

大口袋门襟开衩牛仔中长裙

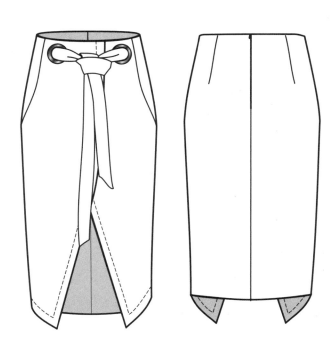

绑带斜插袋半身裙

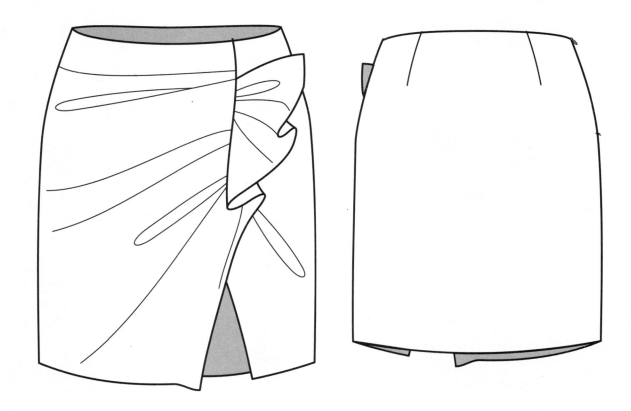

不对称褶皱波浪半身裙

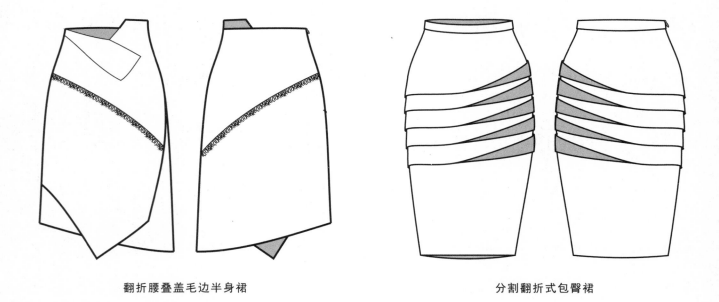

翻折腰叠盖毛边半身裙

分割翻折式包臀裙

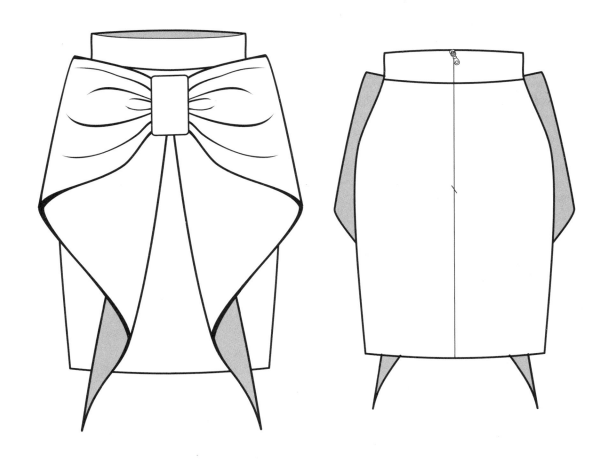

大蝴蝶装饰简易包臀裙

高腰腰带半身短裙

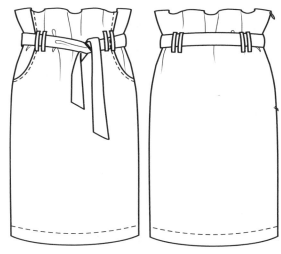

高腰腰带月亮袋半身中裙

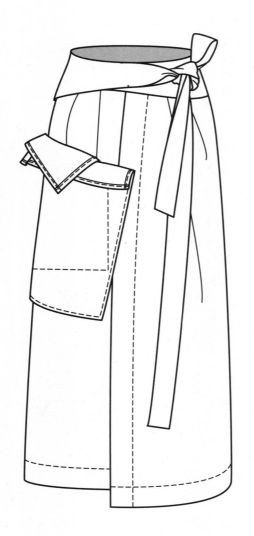

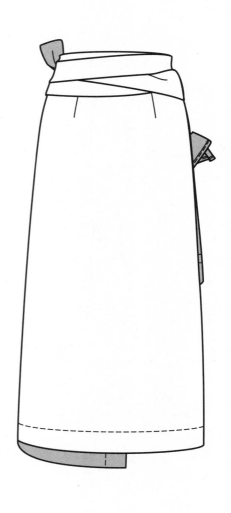

大口袋腰带长裙

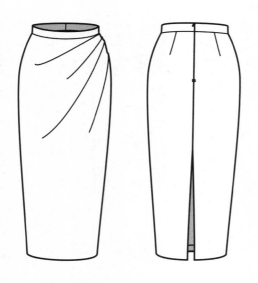

简易褶裥长裙

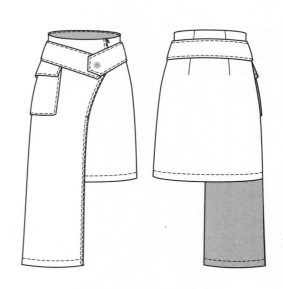

口袋腰襻搭片长短不一半身裙

分割口袋分衩毛边装饰半身裙

皮裙大拉链半身裙

双层搭片装饰扣中长裙

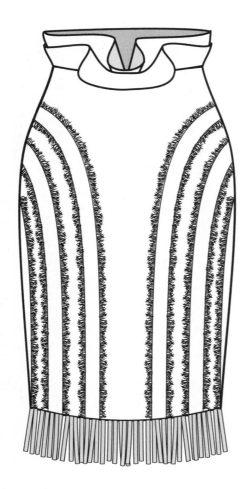
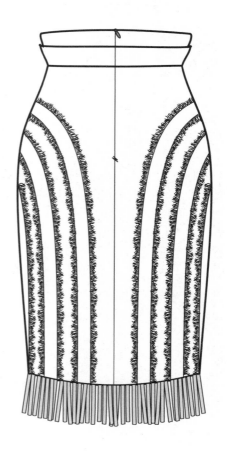

分割毛边流苏底半身裙

腰部大绑带装饰扣半身裙

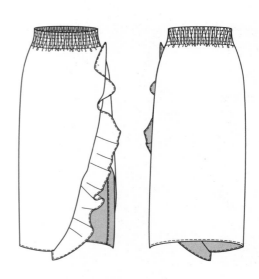

松紧腰斜下波浪中长裙

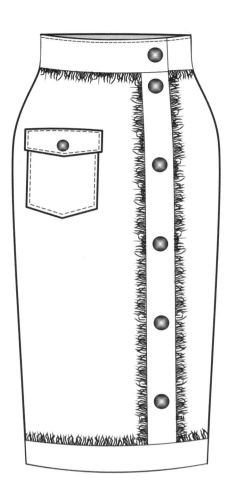
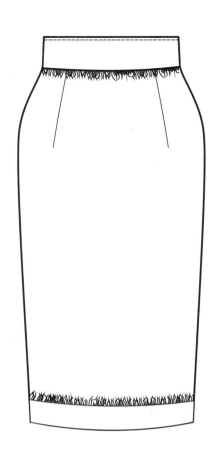

门襟装饰扣毛边中长裙

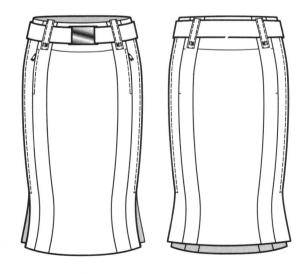

腰带分割开衩半身裙

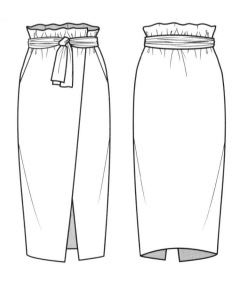

腰带斜插袋细褶半身中长裙

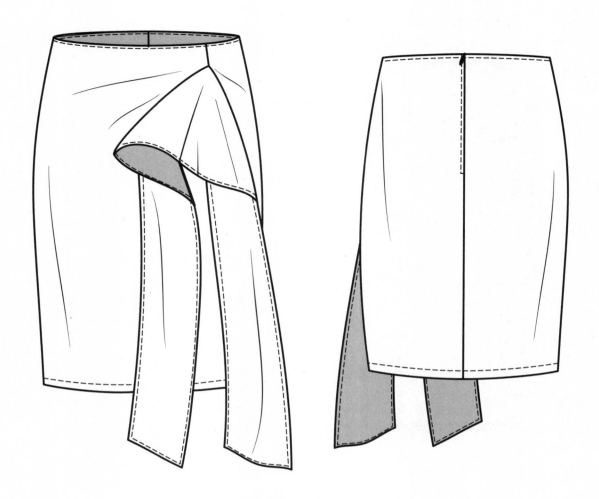

飘带浪半身裙

中腰系带隐拉一步裙

高腰系带收腰半身裙

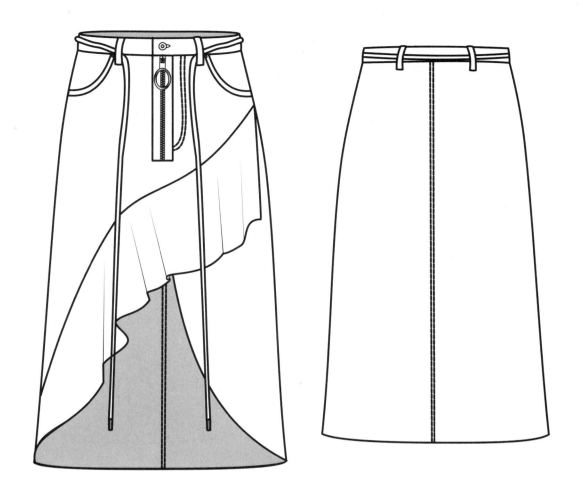

系带不对称木耳边半身裙

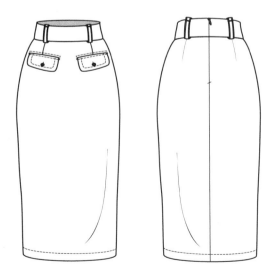

简洁中长裙

前中分衩腰襻装饰中长裙

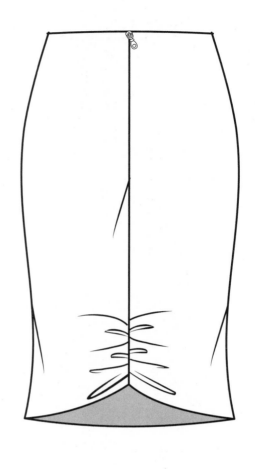

细褶波浪边隐拉半身中长裙

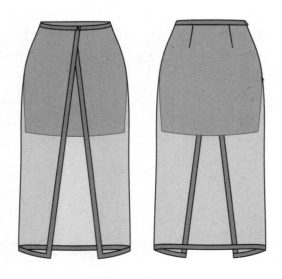

双层透明材质半身裙

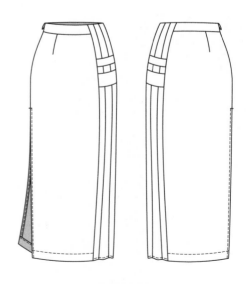

百褶包臀裙

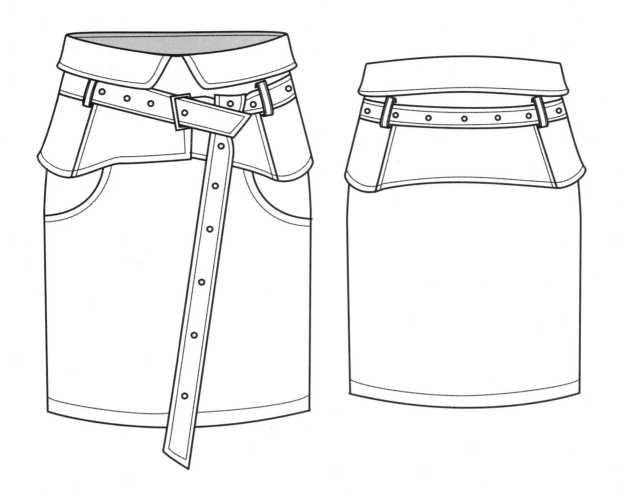

腰带翻折式半身裙

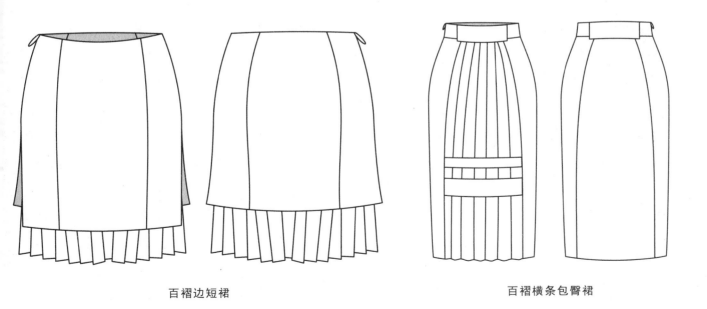

百褶边短裙

百褶横条包臀裙

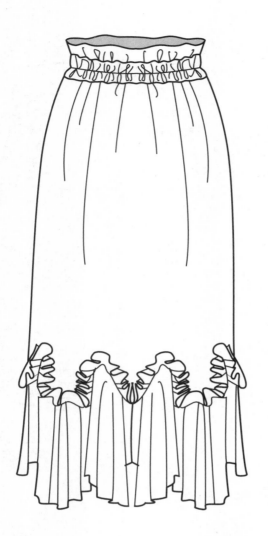
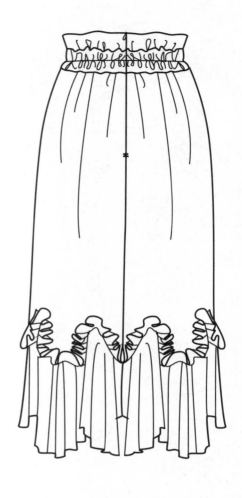

褶皱长裙

褶裥圆襻中长裙

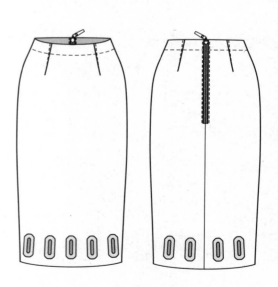

包臀收省下摆立体装饰后中拉链半身中长裙

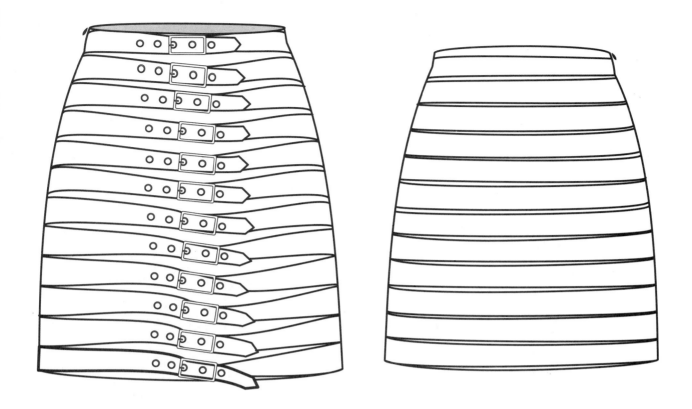

包臀扣带装饰半身裙

包臀斜插袋后中拉链半身中长裙

包臀一步裙后片开衩上腰两粒扣半身裙

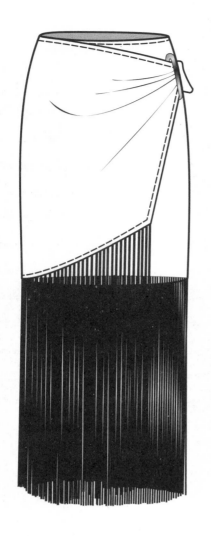

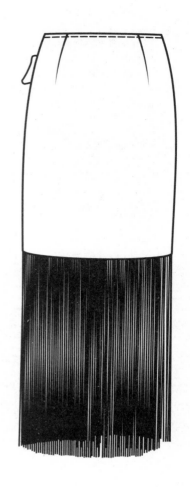

不对称流苏半身裙

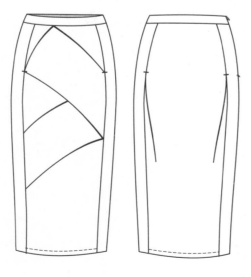

多分割中长裙

包臀开衩中长裙

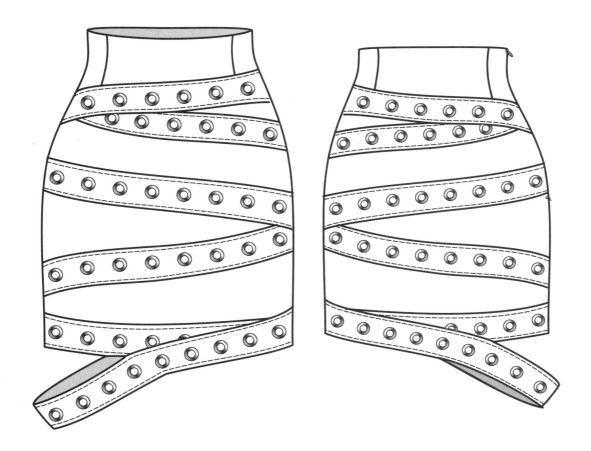

高腰绑带不对称短裙

褶裥腰带开衩中长裙

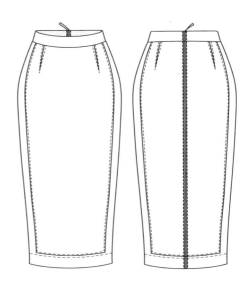

包臀裙后中拉链下摆收口半身长裙

流苏裙

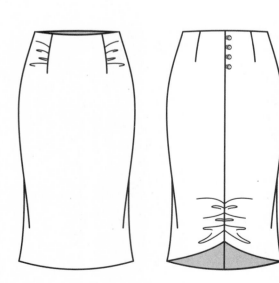

包臀褶裥中长裙

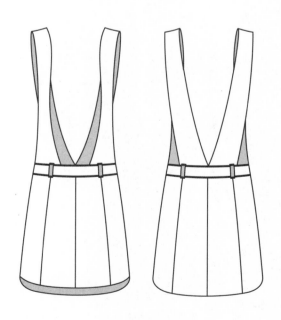

背带半身裙

牛仔流苏裙

分割开衩口袋中长裙

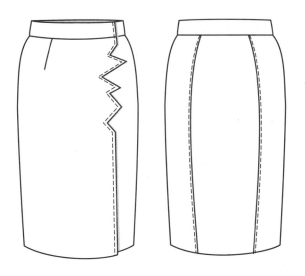

不对称分割中长裙

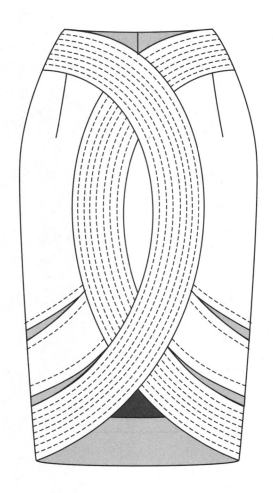
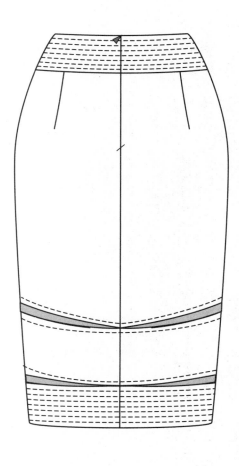

半圆高腰显瘦半身裙

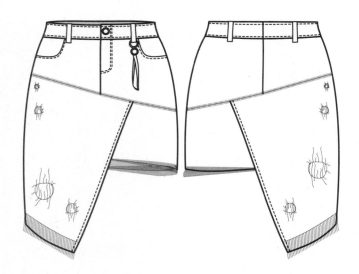

不对称牛仔短裙

不对称分割口袋长裙

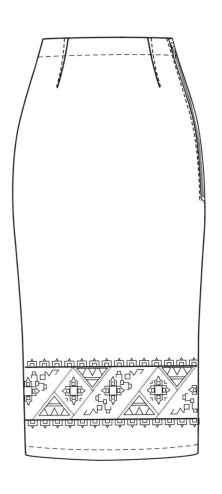

包臀侧拉链中国风印花半身中长裙

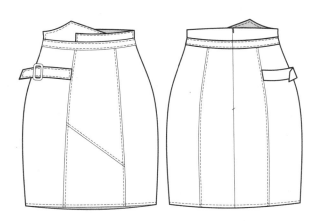

不对称腰辑线短裙

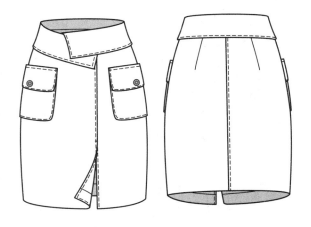

不对称腰口袋开衩半身裙

包臀一步育克斜插袋襻带扣半身中裙

超大立体口袋半身裙

衬衫领腰带包臀裙

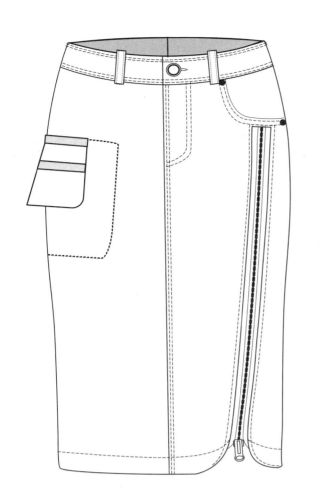

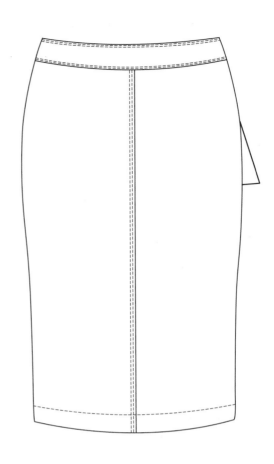

不对称拉链牛仔裙

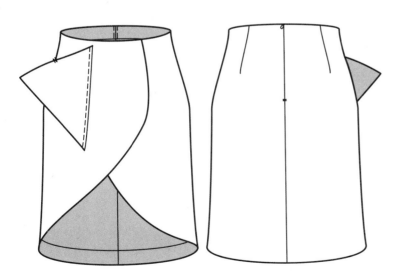

穿插片弧线门襟短裙

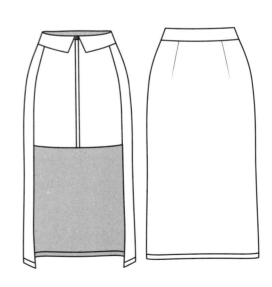

衬衫式腰前短后长中长裙

不规则口袋下摆分离式短裙

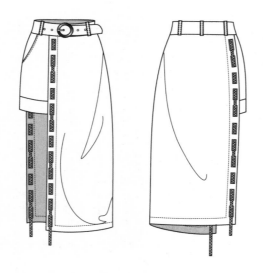

系腰带不对称裙

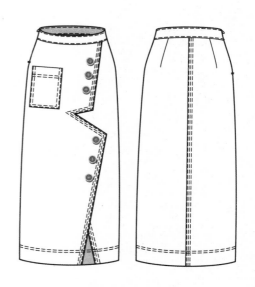

创意门襟不对称长裙

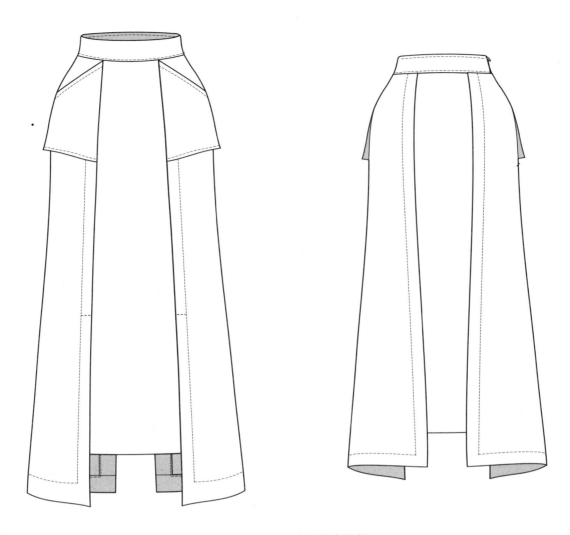

插袋插片中短两边长半身长裙

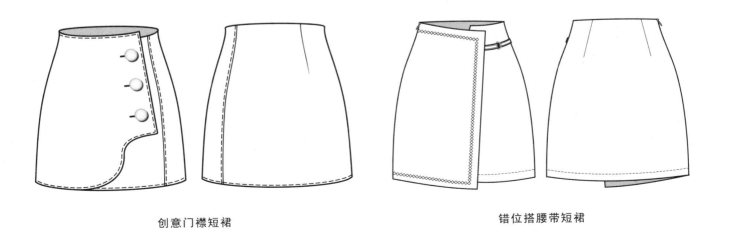

创意门襟短裙

错位搭腰带短裙

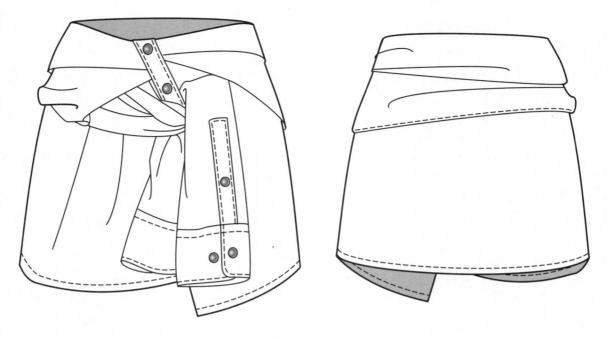

衬衫式短裙

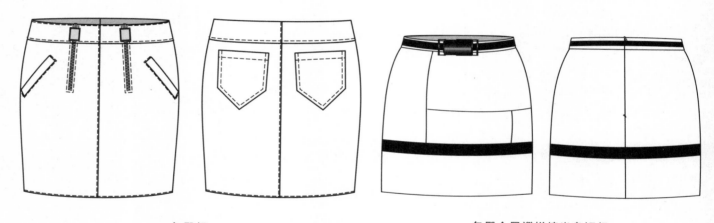

包臀裙　　　　　　　　　　包臀金属襻拼接半身短裙

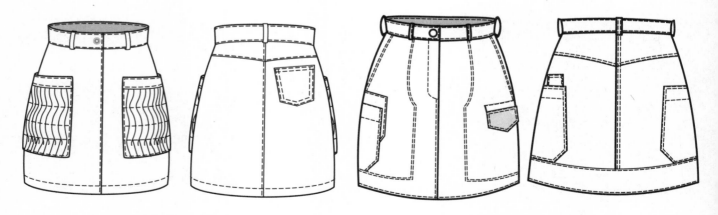

大口袋后育克牛仔短裙　　　　　　多个口袋辑线牛仔裙

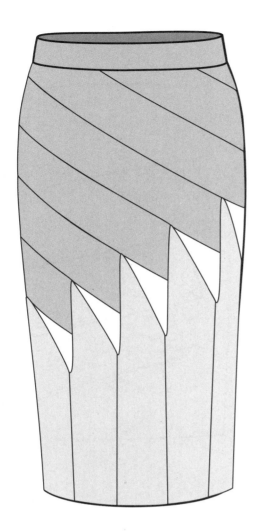

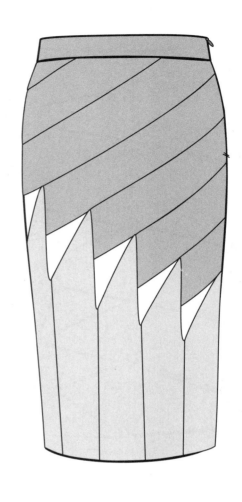

带子翻折镂空筒裙

褶裥包臀中长裙

袋盖不对称半身裙

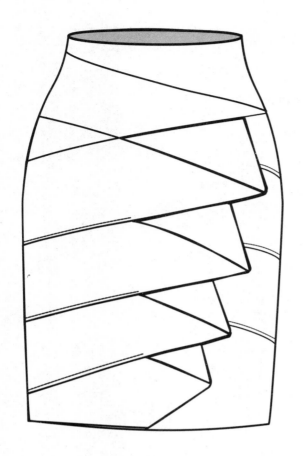

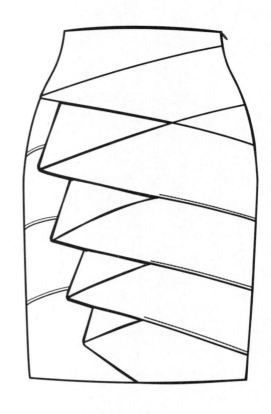

带子翻转筒裙

褶裥几何包臀中长裙

钉扣褶裥开衩长裙

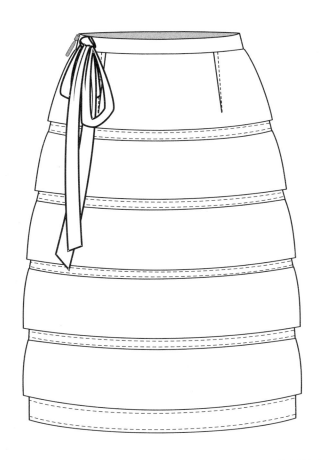

冬季蝴蝶结半身中长裙

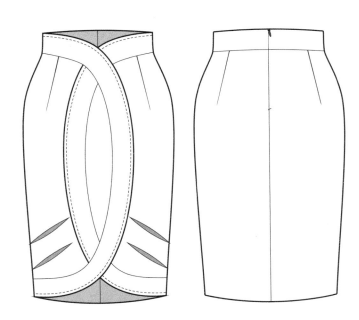

圆弧装饰裙

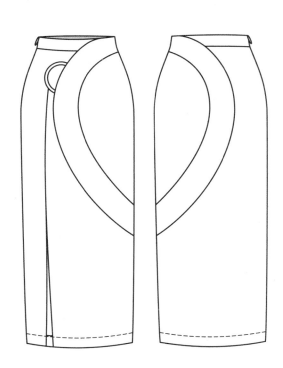

圆形元素包臀长裙

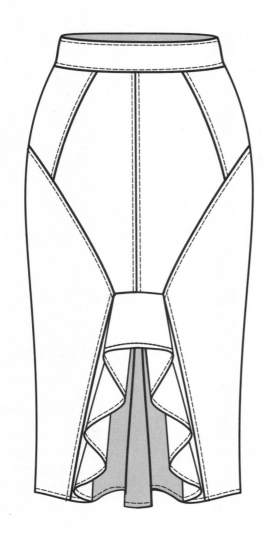

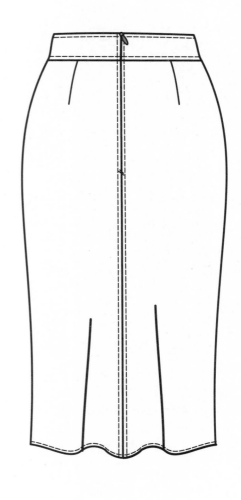

多分割波浪装饰小鱼尾裙

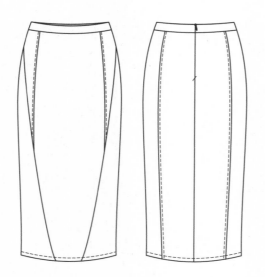

简易分割中长裙

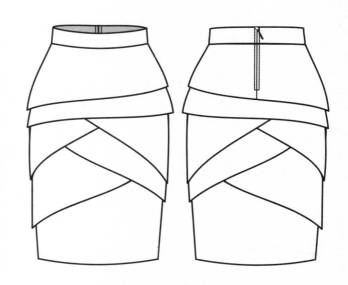

多层叠盖后中拉链半身裙

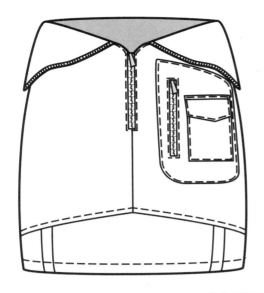
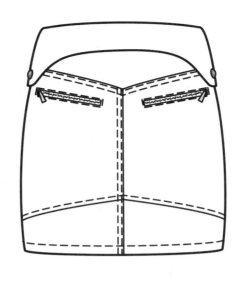

多分割辑明线短裙

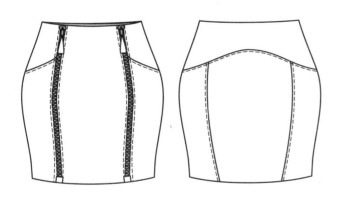

包臀拉链装饰短裙

包臀后片装饰波浪半身中短裙

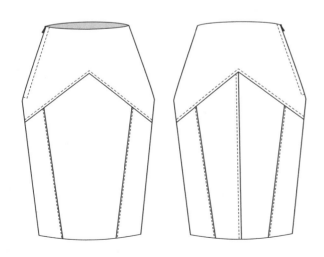

多分割一步裙

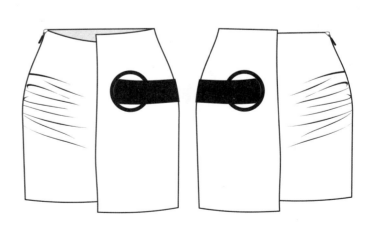

褶皱不对称隐拉半身裙

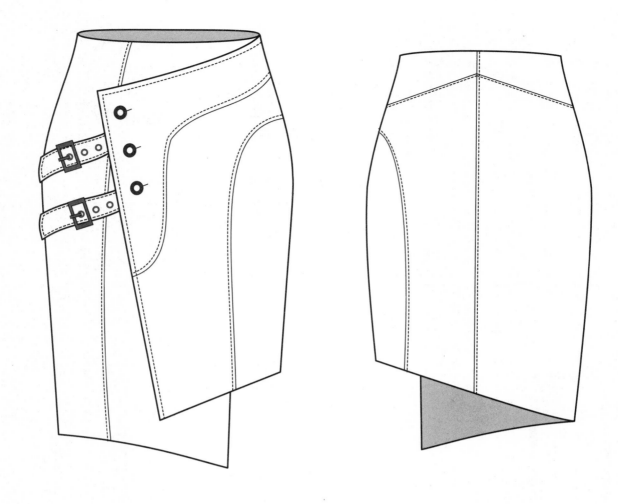

分割不对称皮带装饰半身裙

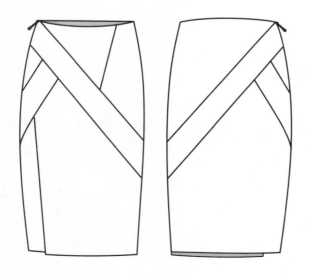

多分割中长筒裙

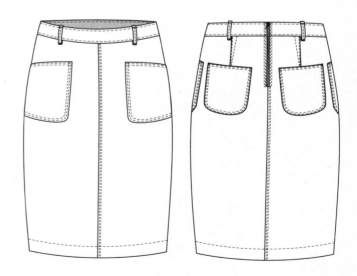

多口袋合体牛仔裙

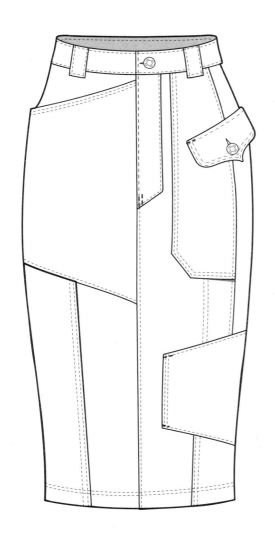
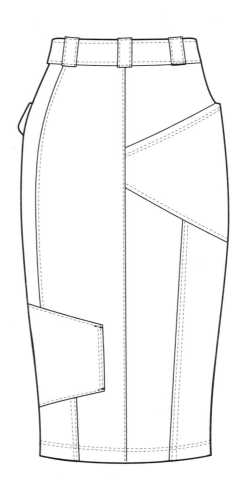

分割拼色中长一步裙

口袋前门襟纽扣装饰裙

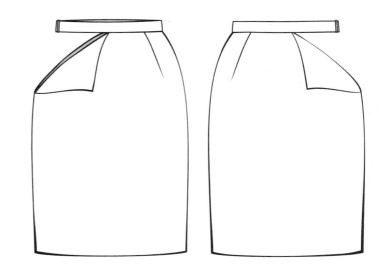

反折半身裙

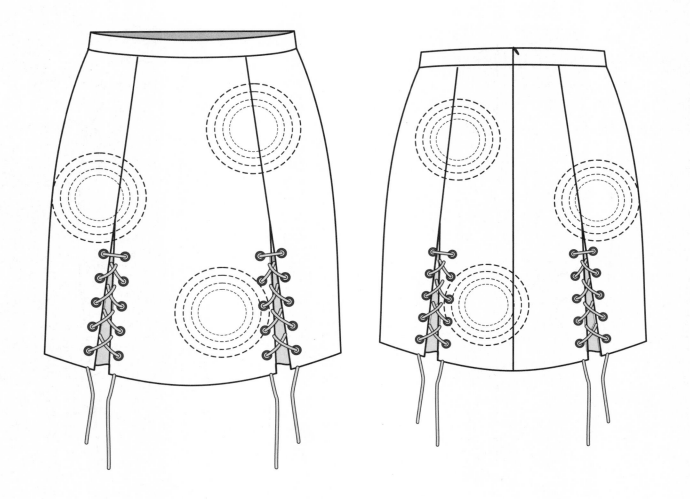

分割系带一步裙

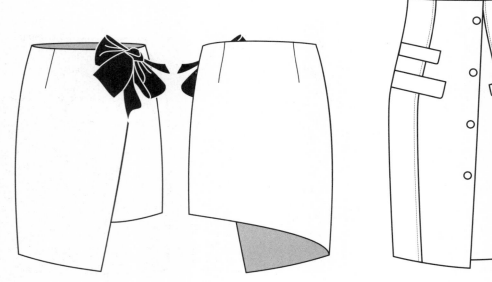

方格黑色蝴蝶结半身裙

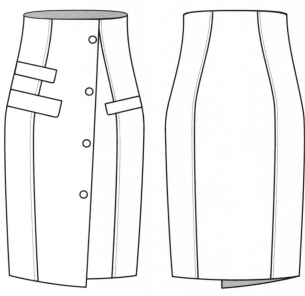

分割搭片装饰扣半身裙

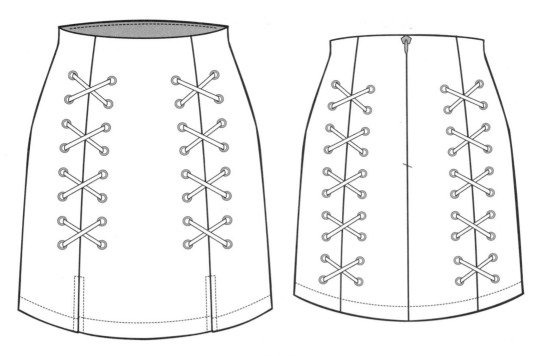

分割系带装饰筒裙

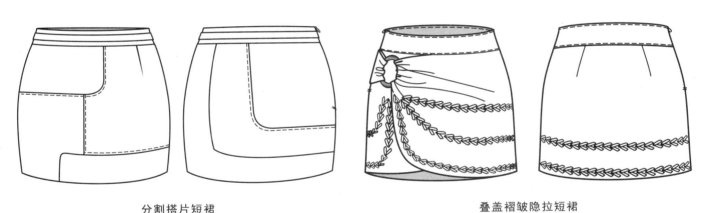

分割搭片短裙　　　　　　　　　　　　叠盖褶皱隐拉短裙

大口袋牛仔短裙　　　　　　　　　　　波浪边半身裙

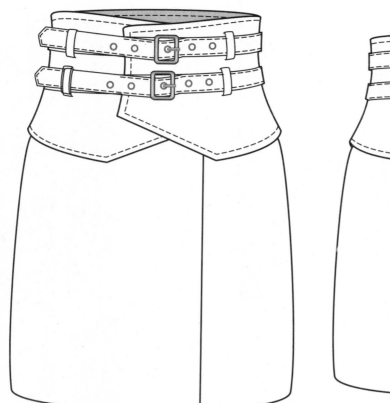
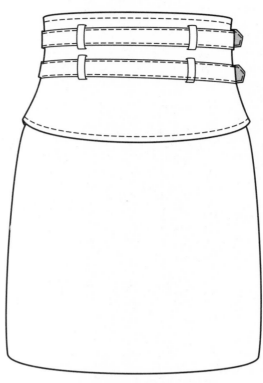

双高腰带搭片半身裙

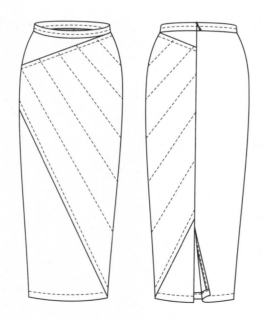

斜向衍缝装饰筒裙

分割褶裥月牙袋中长半身裙

高腰系带半身裙

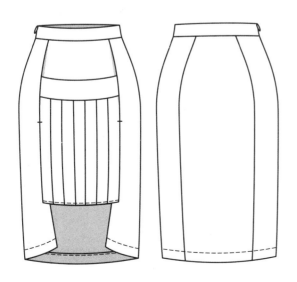

分割百褶包臀裙

分割百褶中长裙

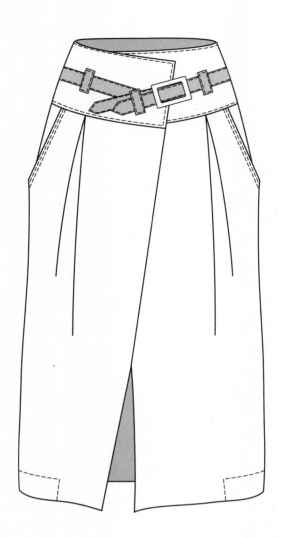
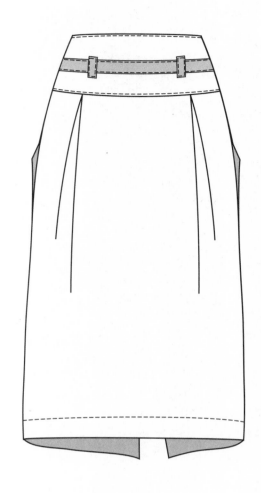

高腰工字褶半身裙

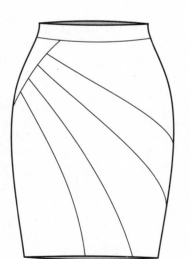
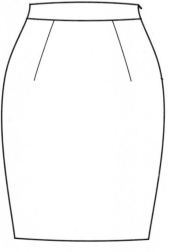

分割包臀裙

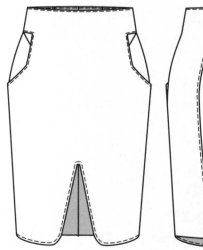
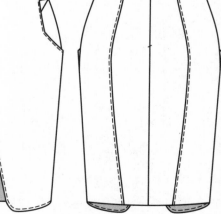

分割半身裙

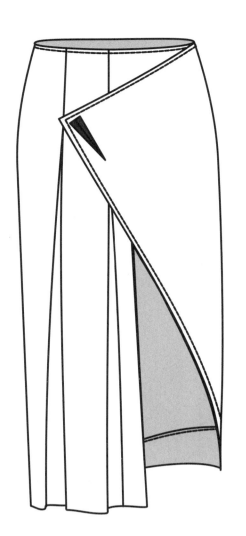

工字褶不对称筒裙

分割底边拉链开衩包臀裙

分割层次半身裙

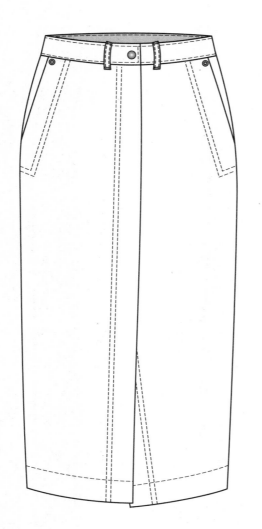
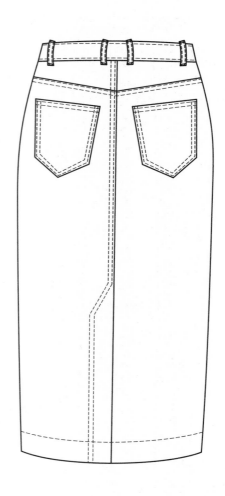

后开衩牛仔中长裙

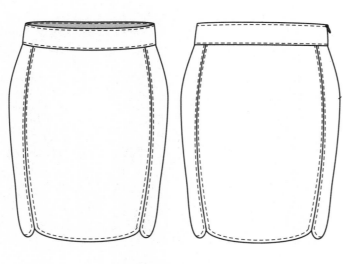

分割合体中长裙

分割假两件中长筒裙

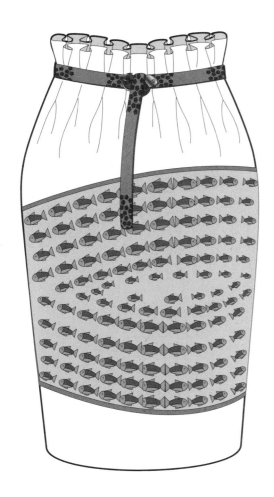

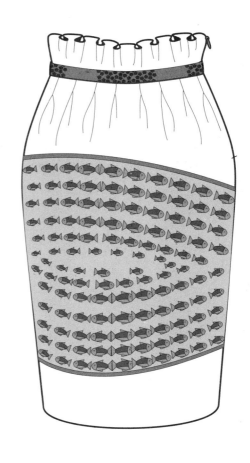

弧线分割拼图案筒裙

工字褶分割隐拉半身裙

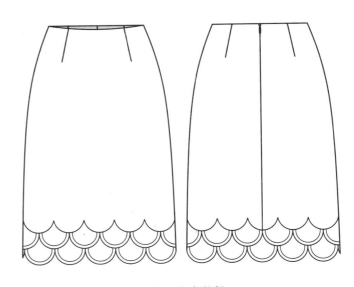

鱼鳞元素中长裙

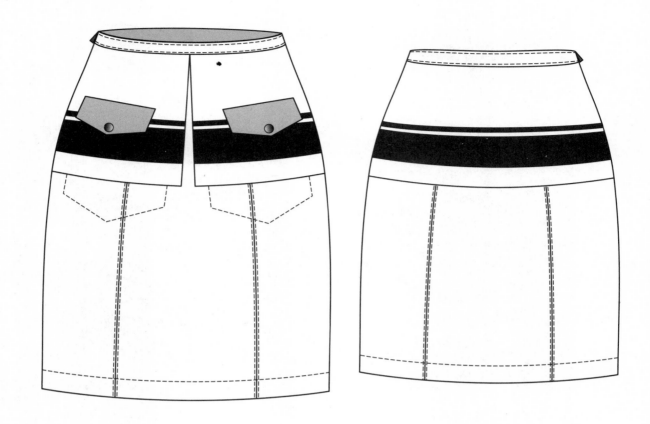

简约包臀裙

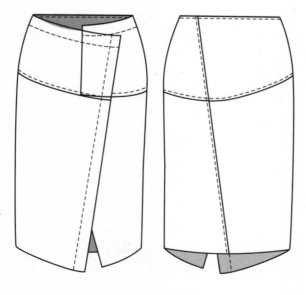

分割一步裙

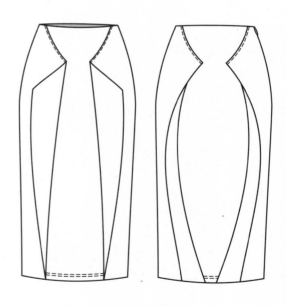

分割折叠中长裙

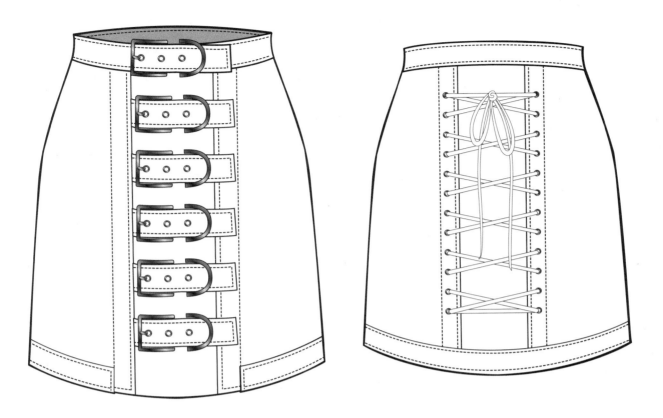

金属皮带扣装饰一步裙

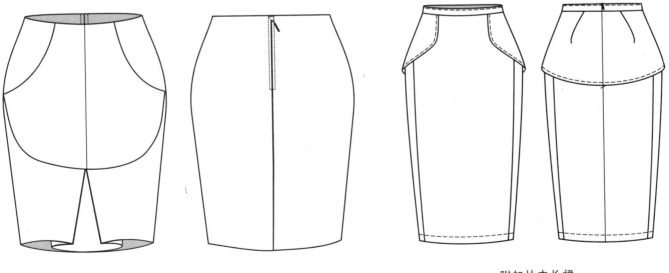

分割褶裥后中拉链半身裙　　　　　　附加片中长裙

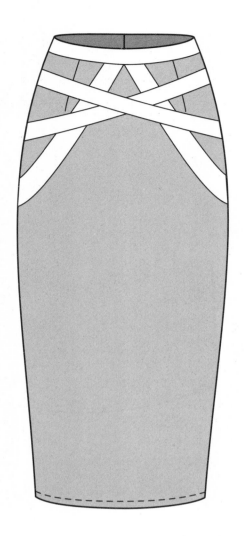
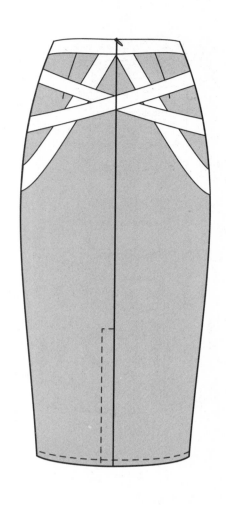

胯部绑带设计筒裙

高腰假袋两侧松紧带后面隐形拉链半身裙

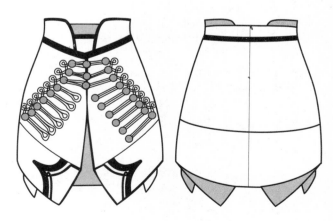

高腰旗袍扣装饰分割短裙

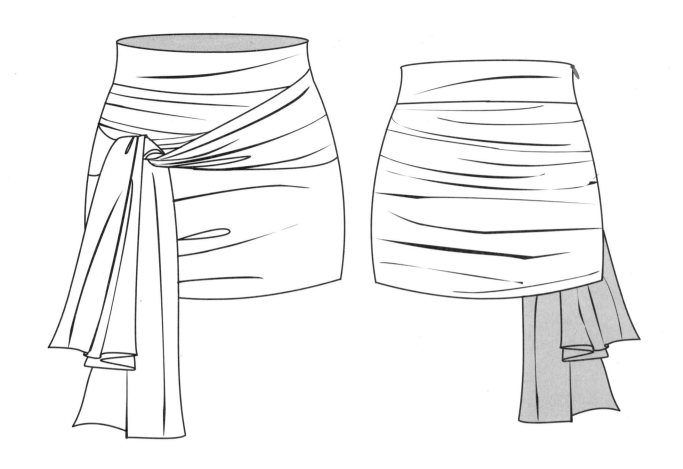

胯部系带褶皱小包裙

高腰双排扣包臀裙

高腰系带裙

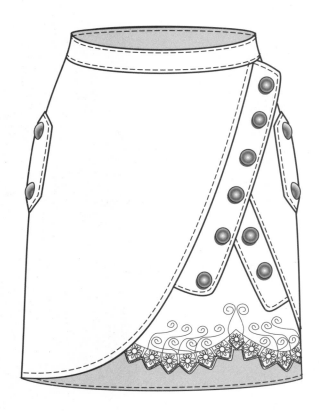
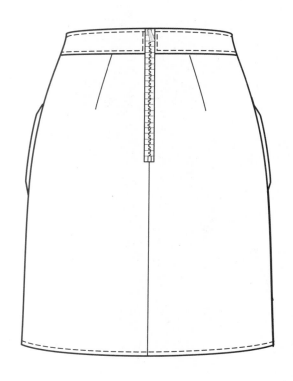

蕾丝装饰扣拉链半身裙

弧线辑明线装饰裙

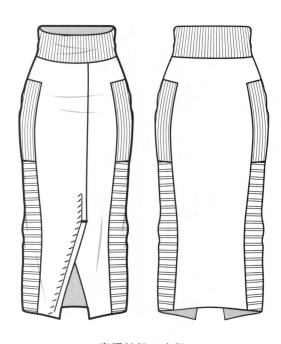

高腰针织一步裙

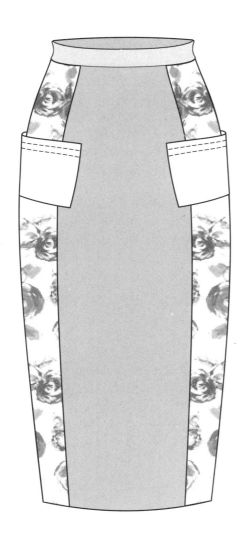
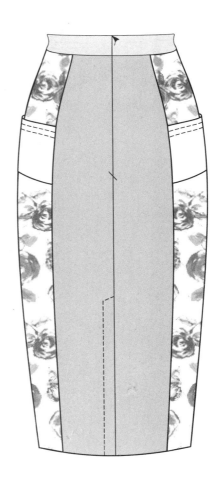

两侧印花及膝半身裙

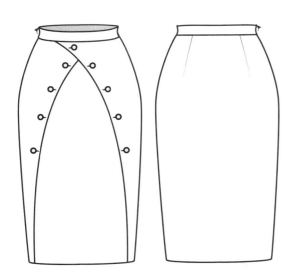

弧形分割装饰扣隐拉中长裙

蝴蝶结系带搭片短裙

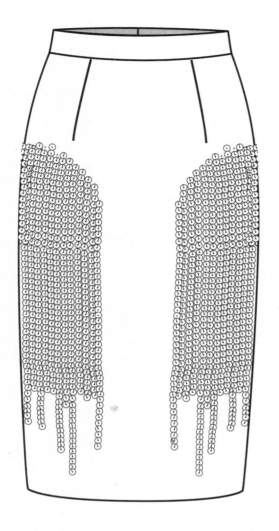
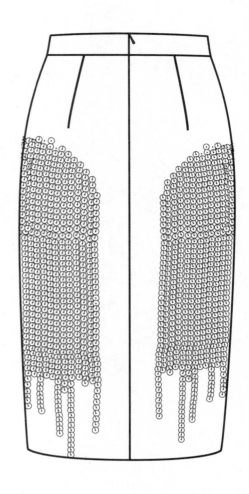

亮片装饰中长裙

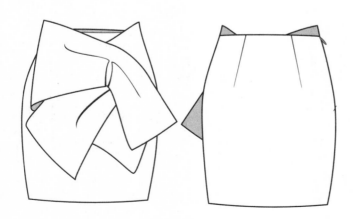

蝴蝶结装饰短裙

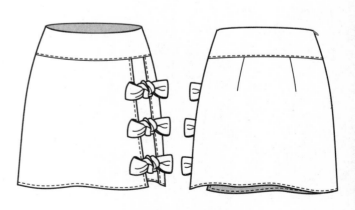

蝴蝶结装饰短裙

亮钻图案装饰裙

花边门襟中长裙

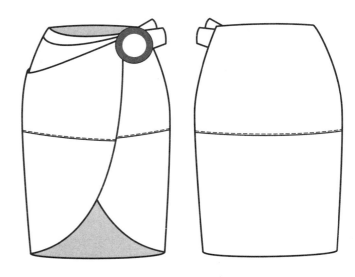

环扣绑带半身裙

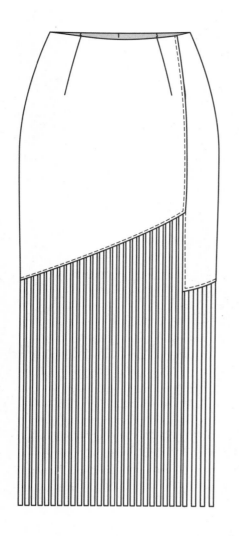

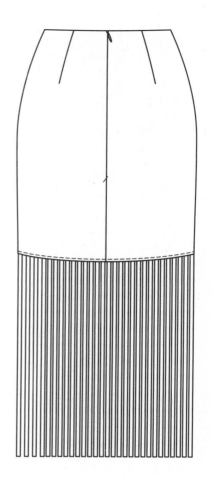

流苏包臀裙

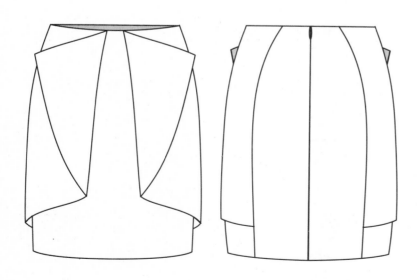

折叠短裙

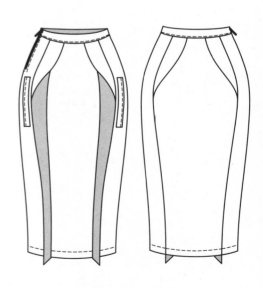

及膝半身裙

流苏螺纹腰带短裙

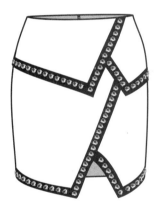

钉钻包臀短裙

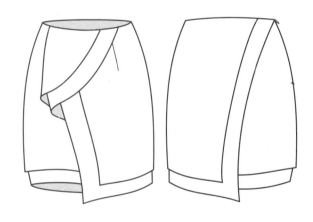

多层不对称裙

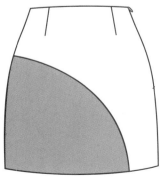

简约半圆半身裙

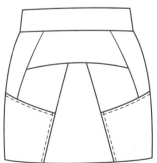

多分割牛仔裙

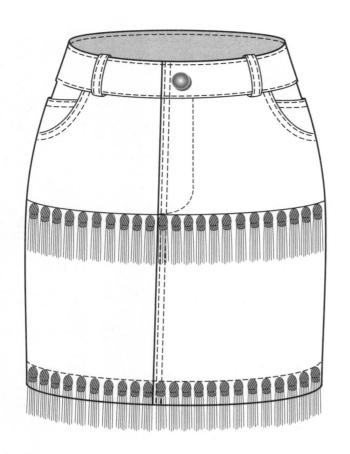
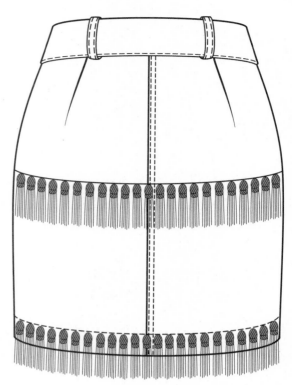

流苏装饰牛仔裙

金属扣装饰包臀半身长裙

开衩分割中长裙

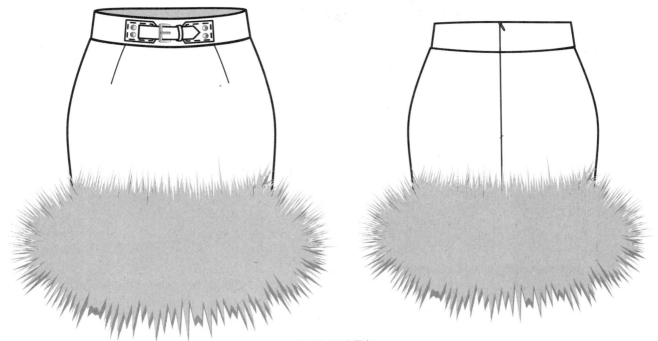

毛毛装饰系带裙

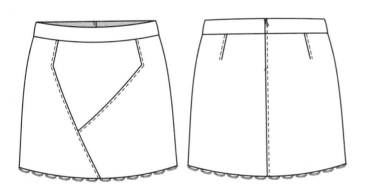

分割隐拉短裙

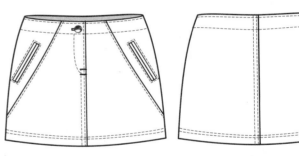

辑明线超短一步裙

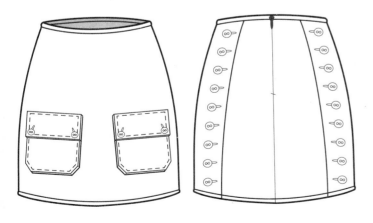

口袋装饰扣短裙

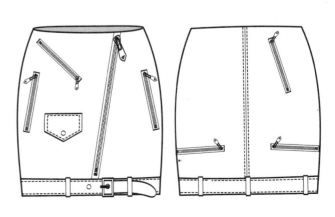

多拉链装饰牛仔短裙

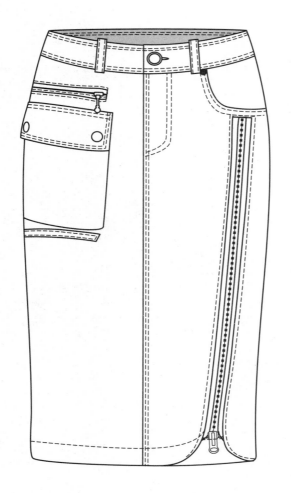
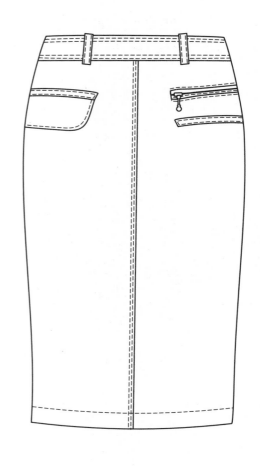

牛仔拉链不对称中长裙

螺纹腰带盖装饰长裙

中腰口袋包臀裙

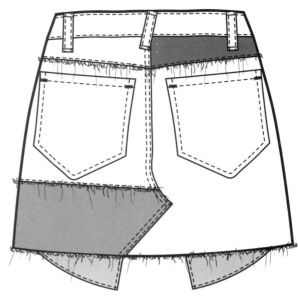

牛仔做旧短裙

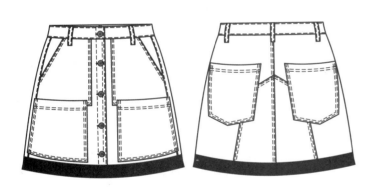

分割流苏牛仔短裙

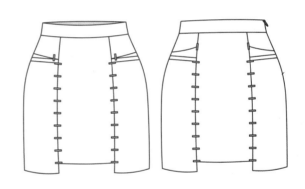

分割亮片短裙

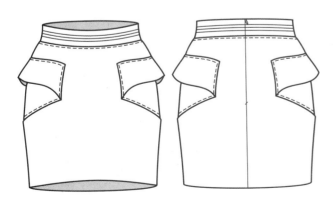

胯部立体装饰片短裙

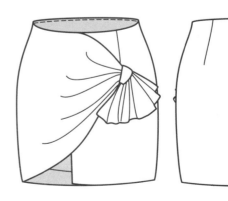

捆绑式不对称短裙

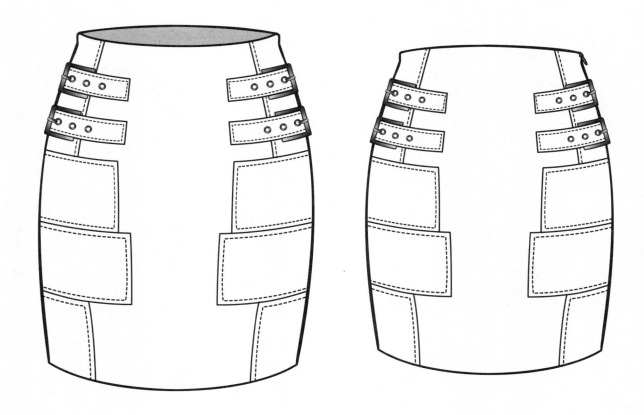

皮带装饰多分割筒裙

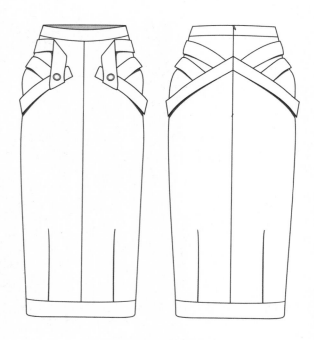

胯部绑带装饰筒裙

胯部翻折筒裙

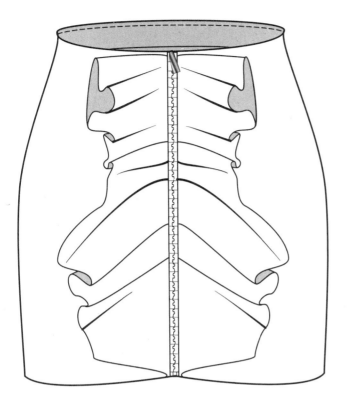

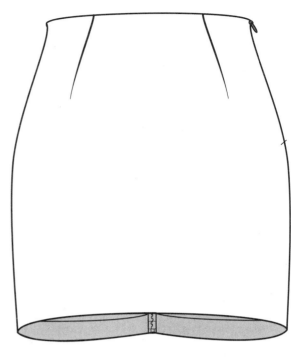

前中抽褶装饰裙

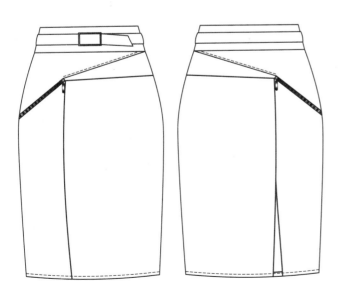

拉链分割中长包臀裙

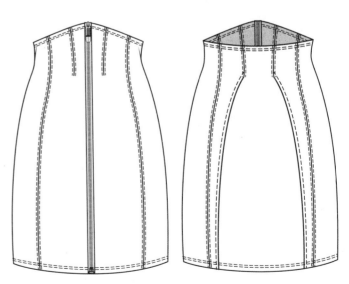

拉链高腰分割裙

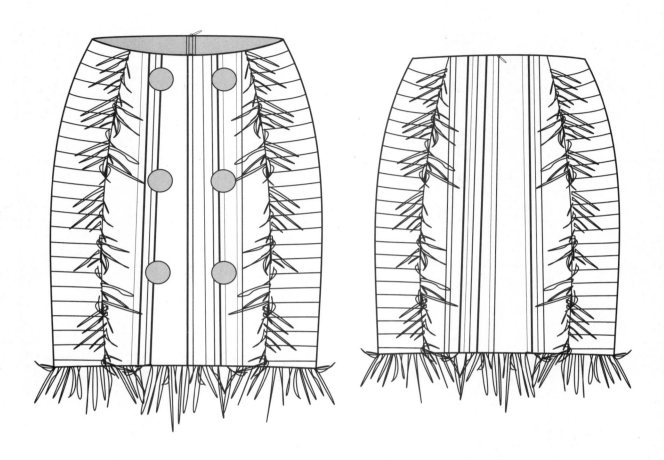

毛边装饰双排扣筒裙

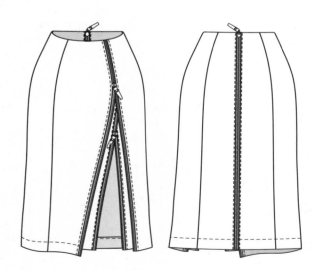

拉链装饰双层半身中长裙

蕾丝下摆装饰扣半身裙

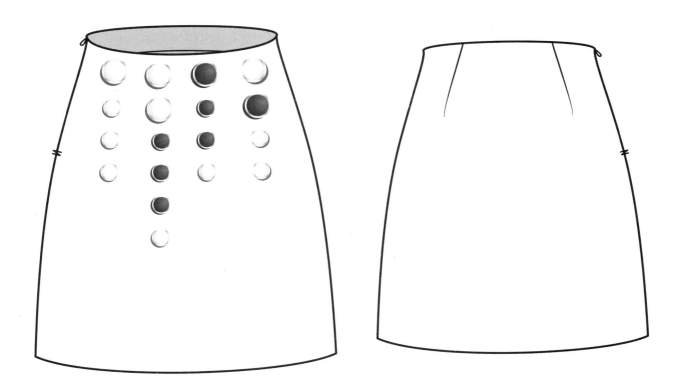

裙身纽扣排列装饰短裙

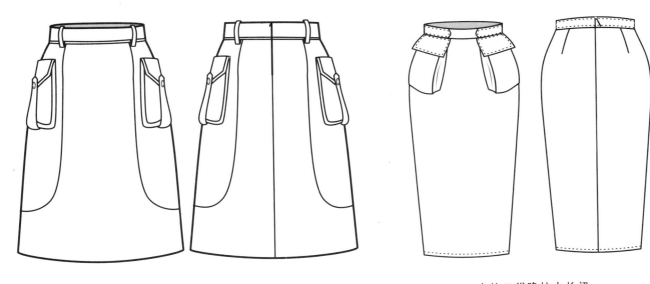

立体口袋L分割隐拉半身裙

立体口袋隐拉中长裙

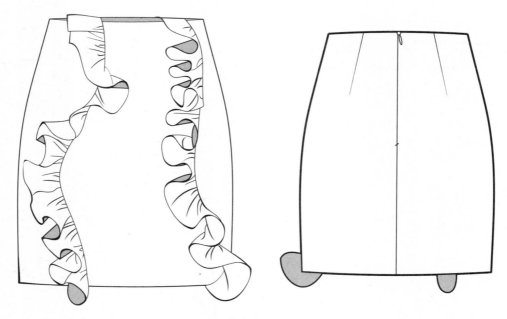

双波浪边半身裙

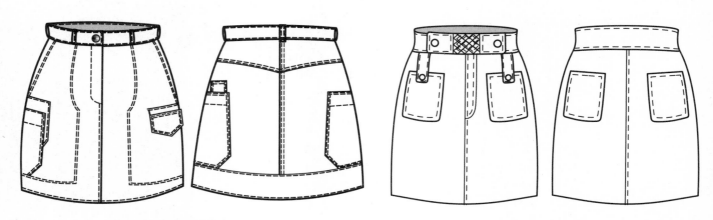

口袋不对称装饰辑线牛仔短裙　　　　　　　　口袋装饰牛仔裙

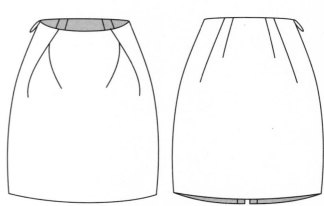

门襟开衩装饰牛仔裙　　　　　　　　褶裥短裙

多褶皱半身中裙

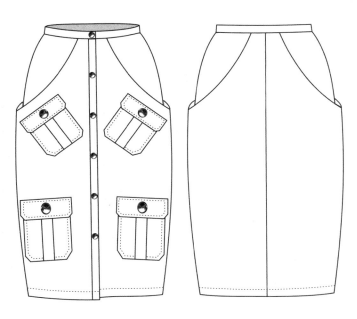

门襟装饰扣大口袋半身裙　　　　　门襟装饰扣中长半身裙

双层多分割装饰裙

牛筋腰半身裙

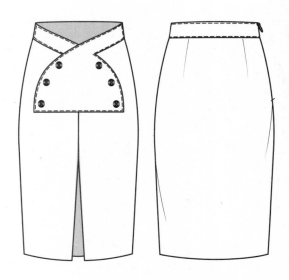

排扣前开衩半身裙

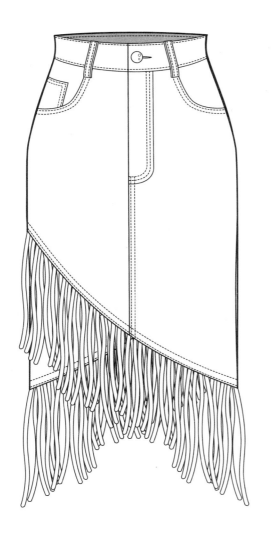
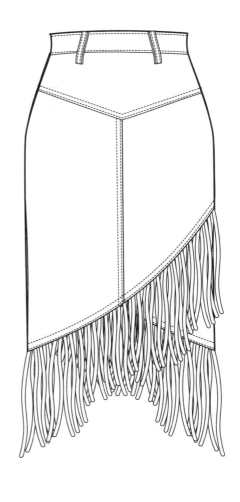

双层流苏装饰牛仔裙

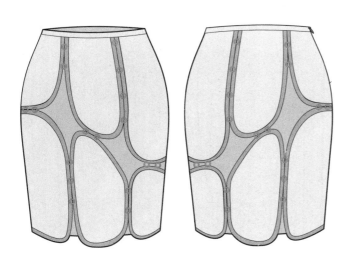

拼接半身裙

拼接口袋中长裙

双层透明材质中腰半身长裙

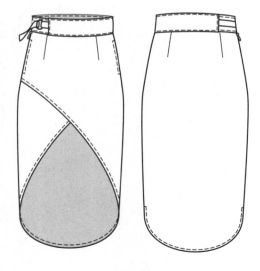

前短后长腰带半身裙

前短后长开衩中长裙

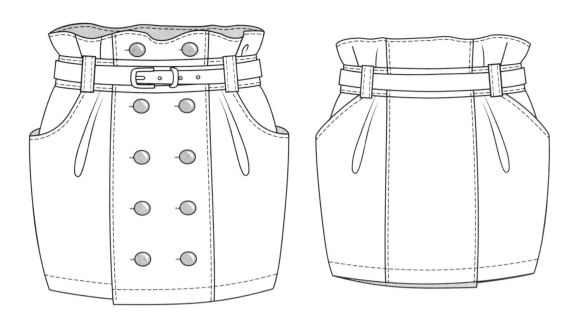

双排扣短裙

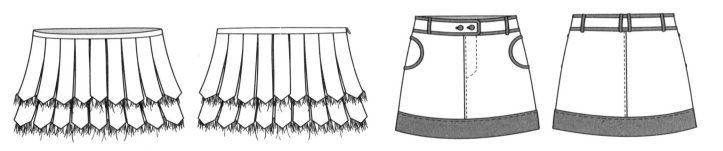

双层流苏半身短裙

月牙形口袋拼色迷你超短裙

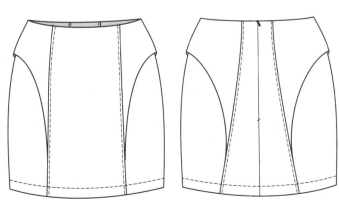

曲线反转短裙

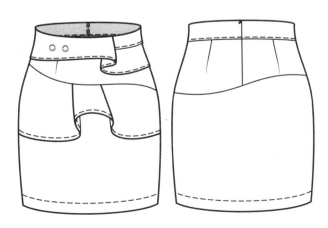

裙身分割波浪褶装饰裙

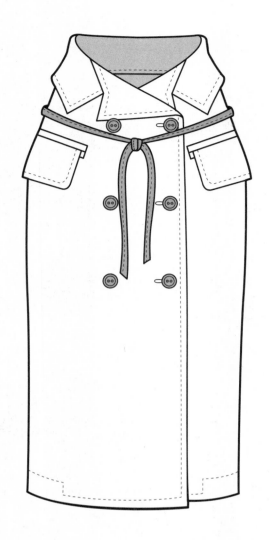
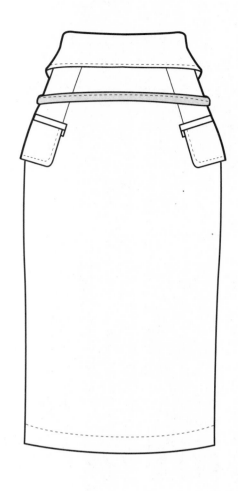

双排扣门襟一步裙

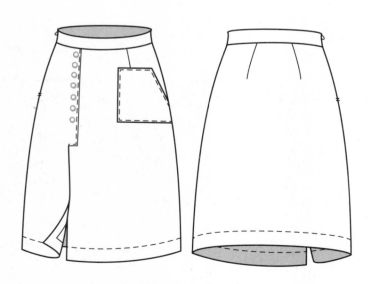

前中开衩装饰扣口袋半身裙

前中拉链口袋分割中长裙

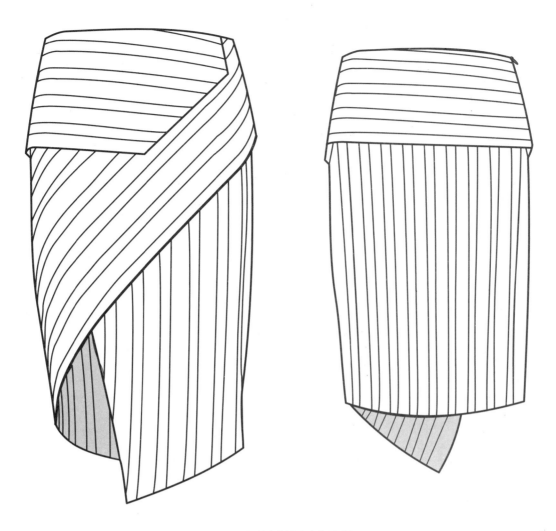

条纹缠绕穿插不对称筒裙

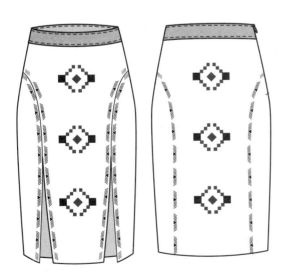

前开衩印花包臀裙

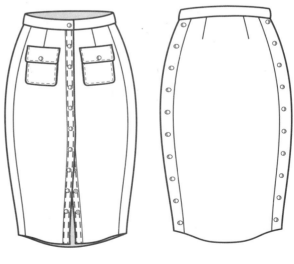

前开襟双口袋装饰筒裙

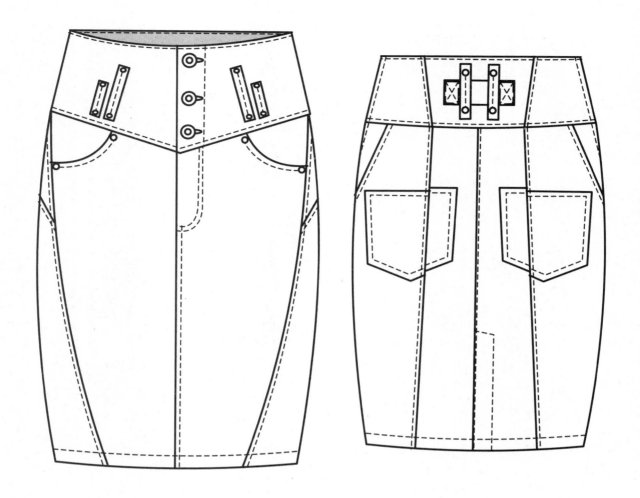

多分割后中开衩牛仔筒裙

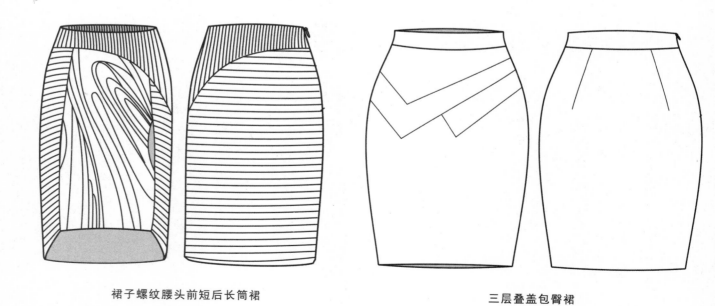

裙子螺纹腰头前短后长筒裙

三层叠盖包臀裙

两侧抽碎褶牛仔筒裙

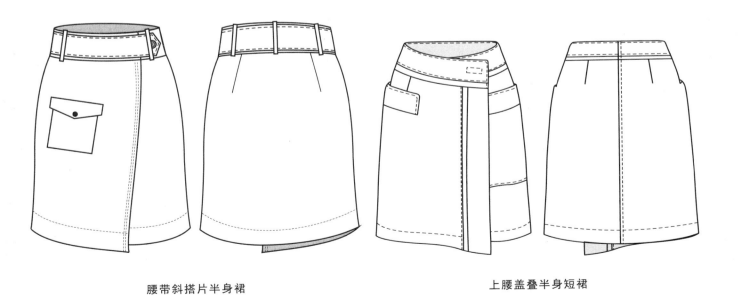

腰带斜搭片半身裙

上腰盖叠半身短裙

网格印花包臀半身裙

腰襻不对称长裙

上腰直筒前开襟斜插袋半身长裙

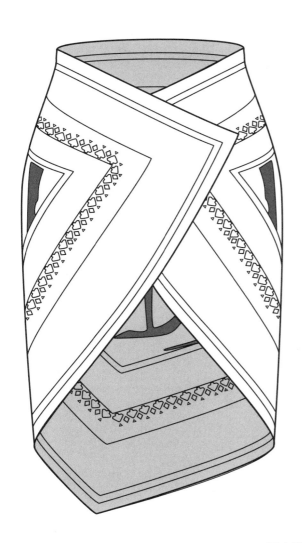

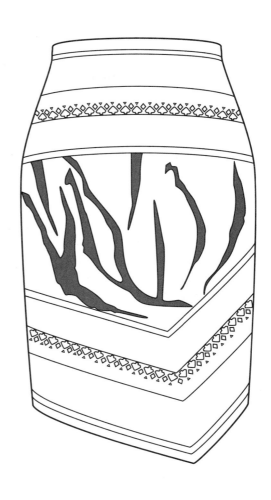

围巾型围裹裙

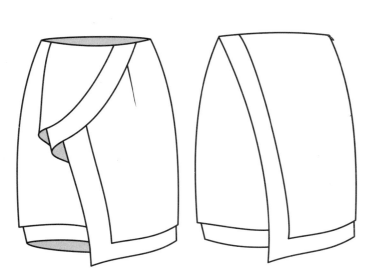

双层波浪装饰裙

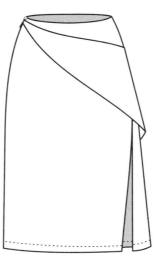

双层搭片斜开衩半身裙

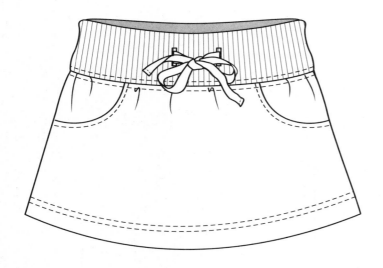
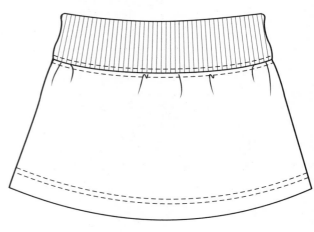

系带月亮袋半身短裙

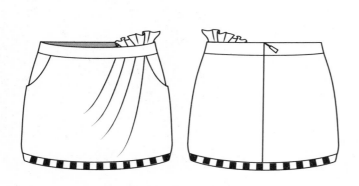

上腰放射型褶皱后中拉链半身裙

收省侧拉链半身短裙

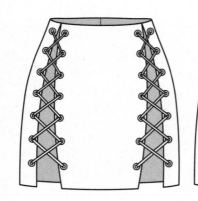

双侧绑带包臀裙

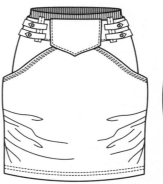

双侧系皮带装饰窄身裙

细木耳边装饰筒裙

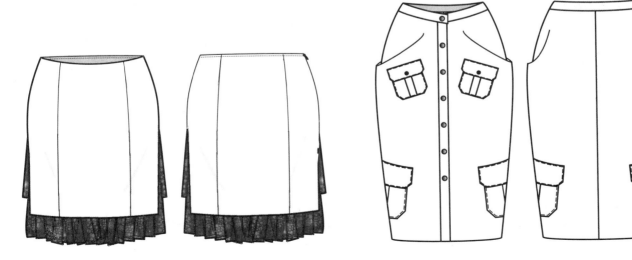

双层纵向分割裙

双口袋半身裙

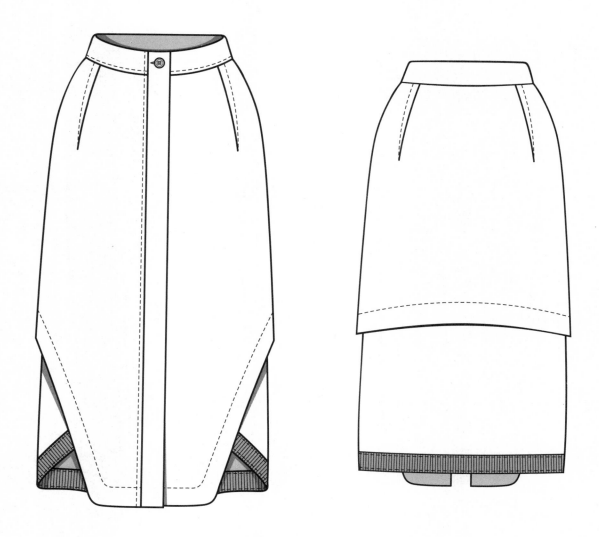

下摆螺纹口双层裙

双排扣后开衩半身裙

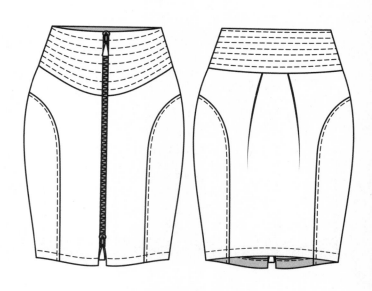

双头拉链分割半身裙

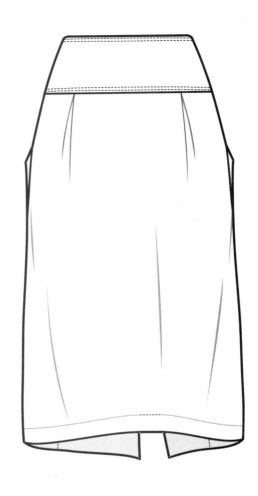

斜襟侧插袋中长裙

松紧带斜插袋上下分割半身中长裙

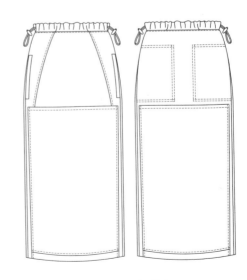

松紧带休闲长裙

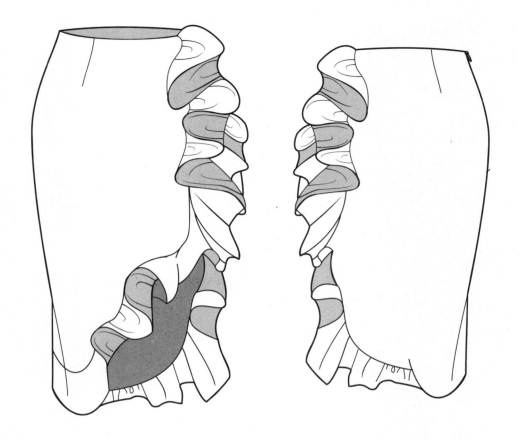

斜襟木耳边装饰窄身裙

右边翻折筒裙

隐拉波浪中长裙

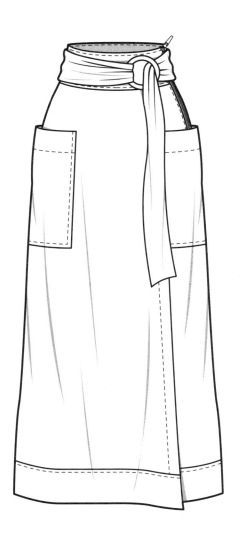
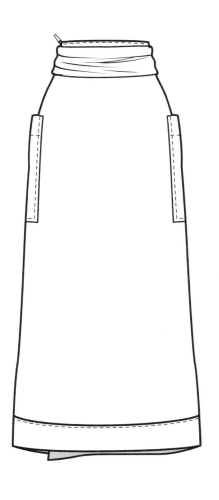

斜开襟腰部扎带长筒裙

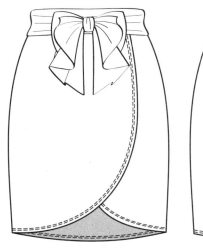
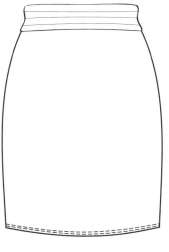

腰带蝴蝶结弧边半身裙

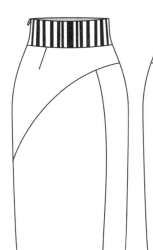
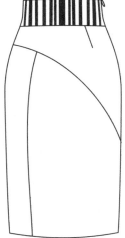

条形码分割中长裙

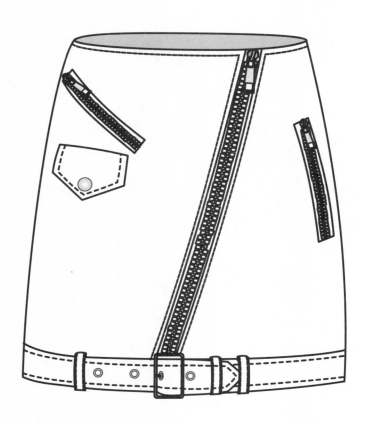

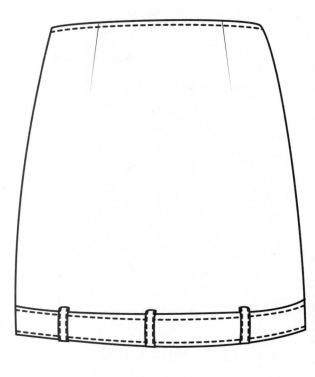

斜拉链装饰袋盖半身裙

铁钉扣开衩长裙

透明开衩中长裙

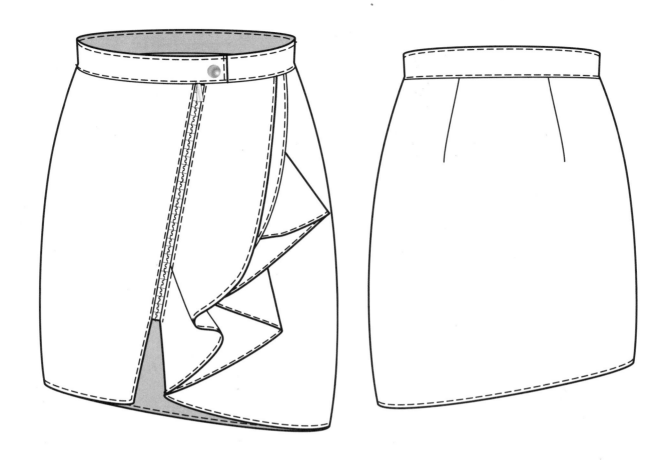

斜门襟不对称波浪半身裙

外翻式拉链装饰一步裙

图案分割长裙

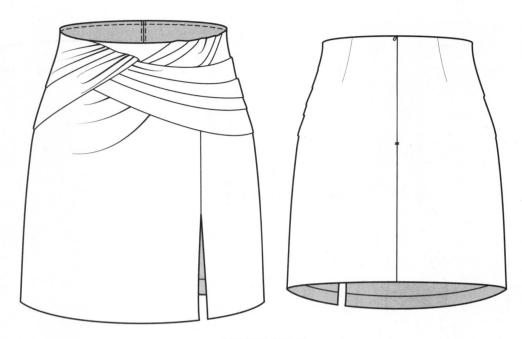

腰部缠绕半身裙

后片拉链一步裙　　　　　　　　条纹装饰短裙

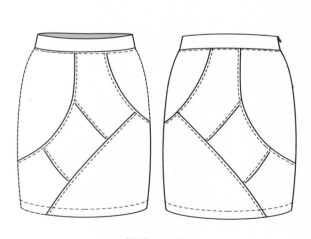

条纹组合系扣一步裙　　　　　　拼接一步裙

腰部抽缩系扎半身裙

系带包臀裙

系带错位设计短裙

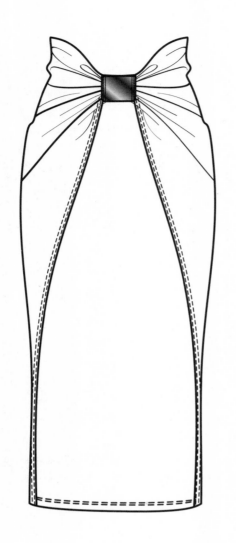
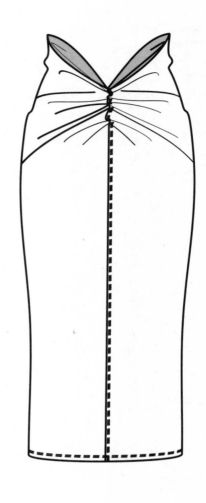

腰部蝴蝶造型长款筒裙

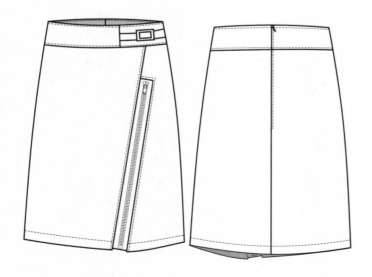

斜拉链装饰中长裙

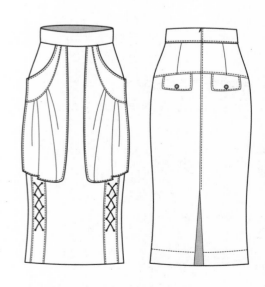

系带大口袋筒裙

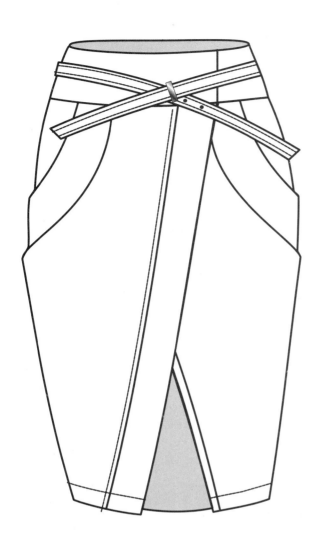
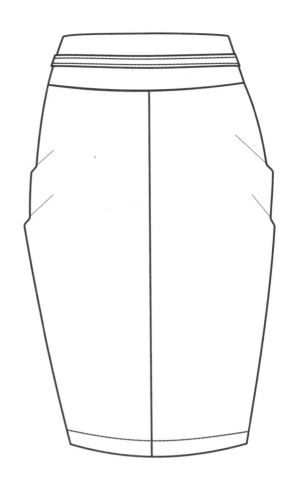

腰部系皮带一步裙

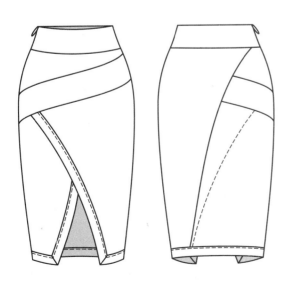

系带前开衩中长包臀裙

线条分割中长裙

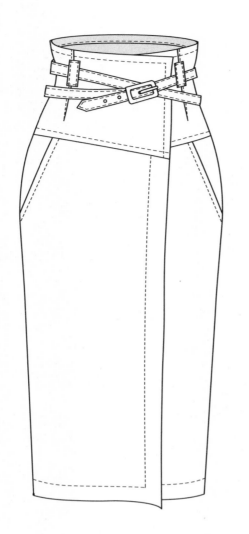

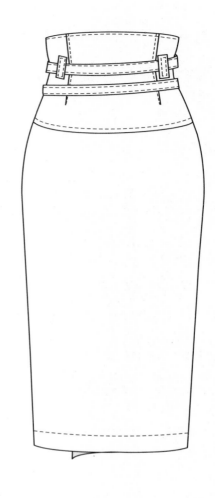

腰带高腰斜插袋半身裙

斜向开衩宽腰带一步裙

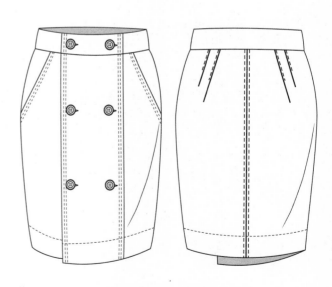

斜插袋装饰扣半身裙

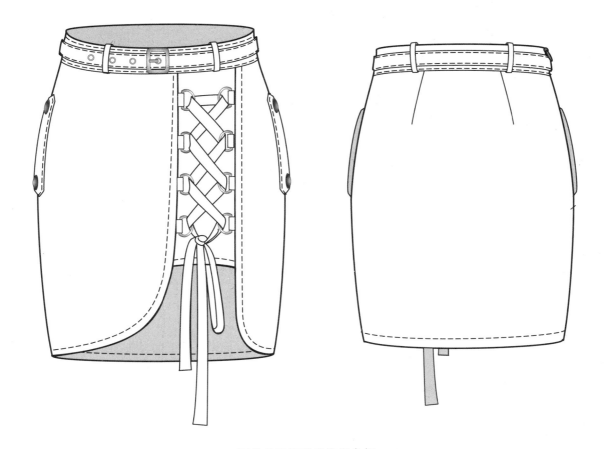

腰带前片绑带装饰半身裙

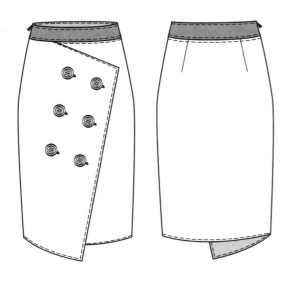

斜搭扣包臀半身裙

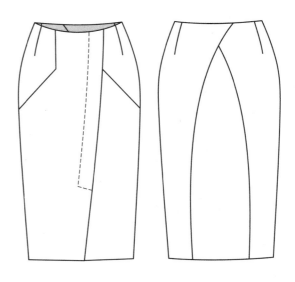

斜襟长筒裙

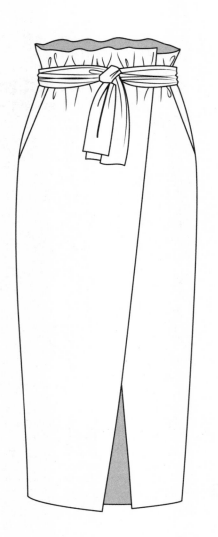

腰带褶皱中长半身裙

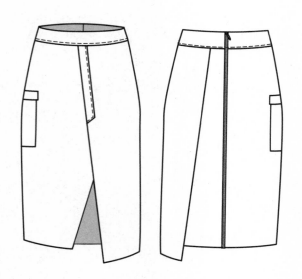

斜开衩搭片口袋半身裙

斜开衩半身裙

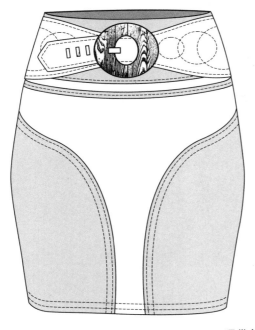
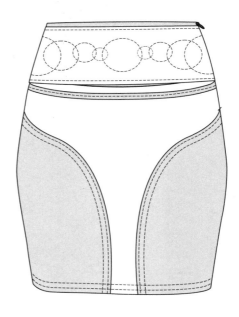

腰带包臀裙

系带短款半身裙

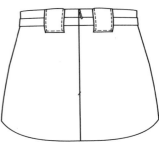

斜插袋立体袋半身短裙

腰带三瓣半身裙

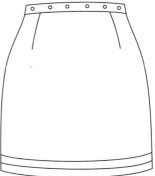

腰带包边短裙

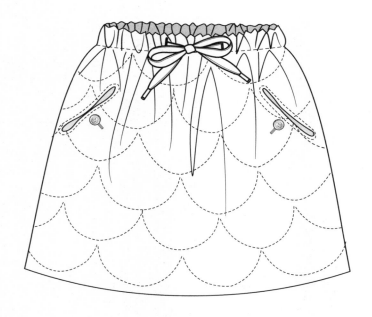
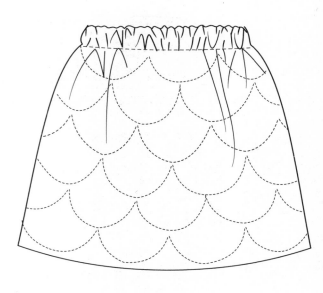

鱼鳞状辑线松紧带系带挖袋钉扣装饰半身短裙

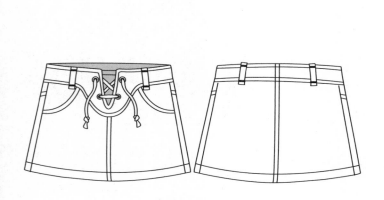

系带襻月亮袋半短裙

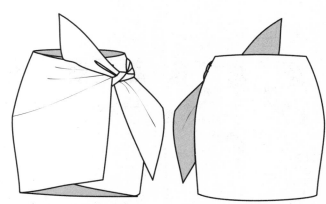

系带不对称短裙

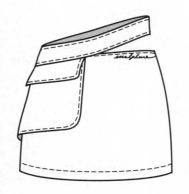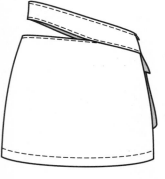

斜腰镂空短裙

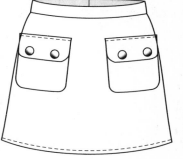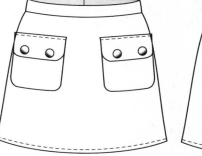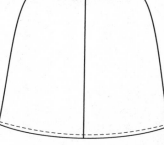

贴袋钉扣隐拉半身短裙

育克中长裙前门襟后贴袋半身裙

折线多分割筒裙

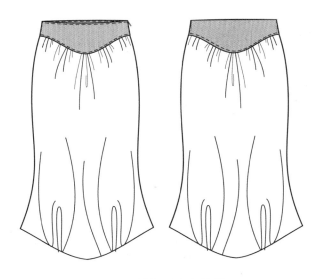

修身褶皱低腰半身长裙

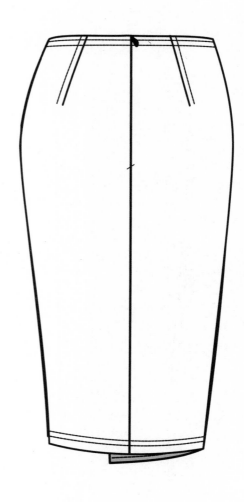

扎系筒裙

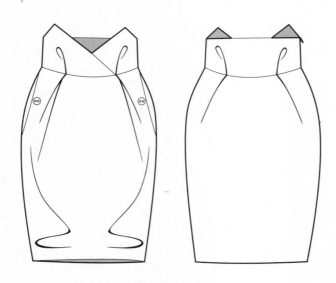

腰部对称褶裥口袋短裙

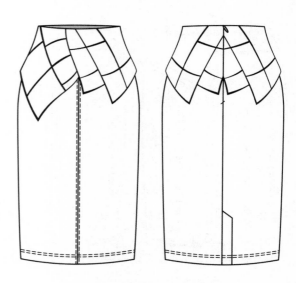

腰部盖片中长包臀裙

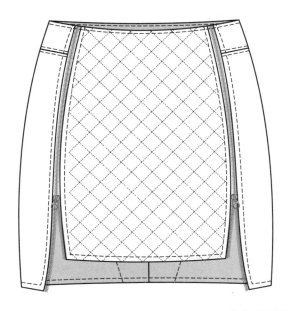
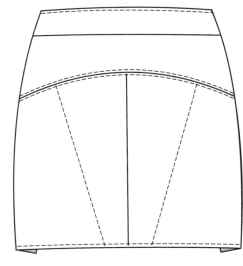

纵向分割拼布短裙

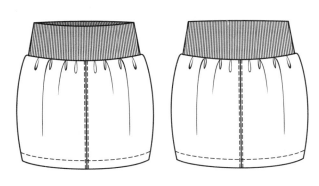

休闲包臀短裙

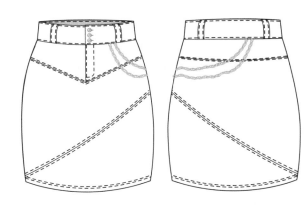

腰胯部金属链装饰一步裙

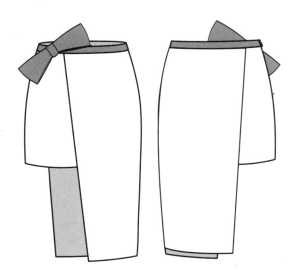

腰部蝴蝶结装饰不对称披挂式中长裙

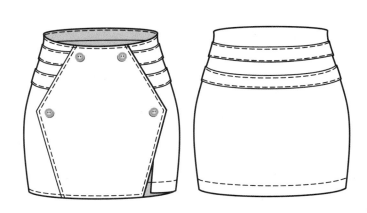

腰部双带纽扣短裙

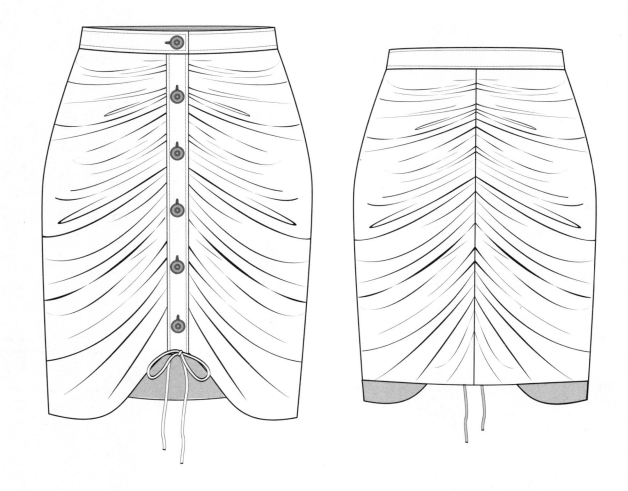

褶皱半身裙

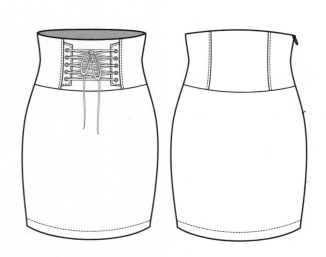

腰部系带高腰迷你一步裙

腰部系带中长筒裙

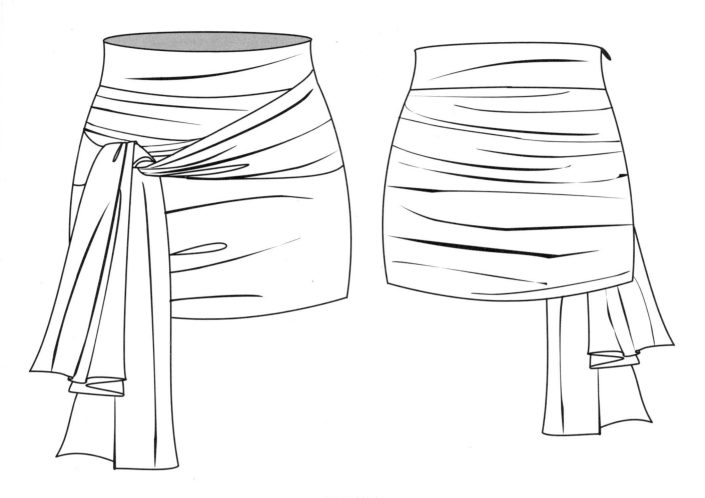

褶皱系扎裙

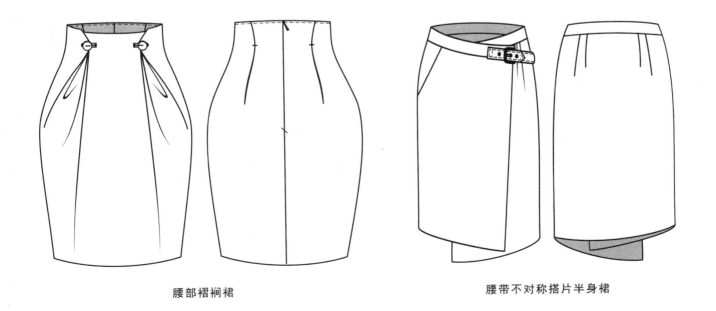

腰部褶裥裙

腰带不对称搭片半身裙

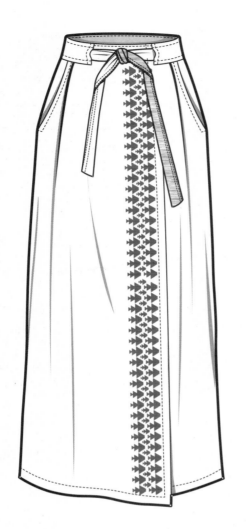

中腰腰部系带门襟不对称长裙

腰带开衩印花面料中长裙

腰带罗纹扣装饰中长半身裙

第四章

款式图设计
（O型）

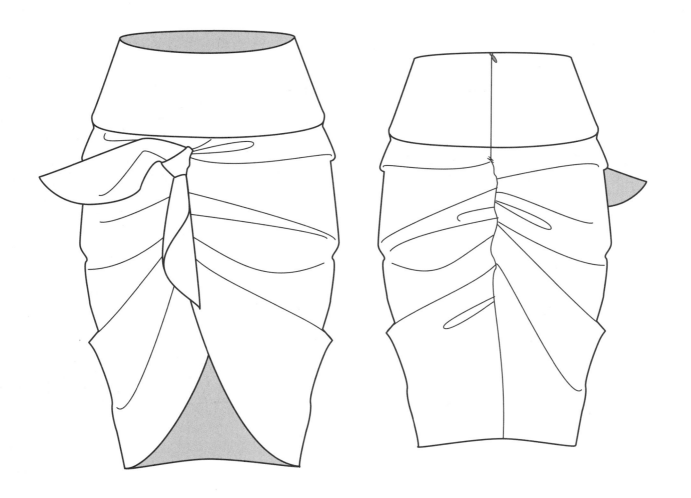

不规则褶皱蝴蝶结装饰半身裙

褶裥隐拉半身裙   H分割绑带后中拉链半身裙

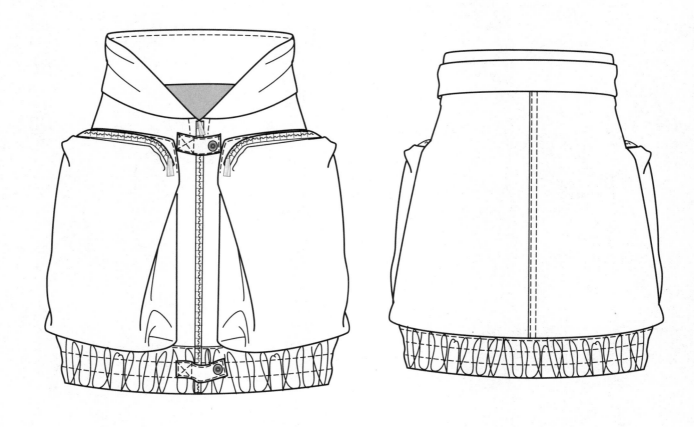

大口袋牛筋底摆半身裙

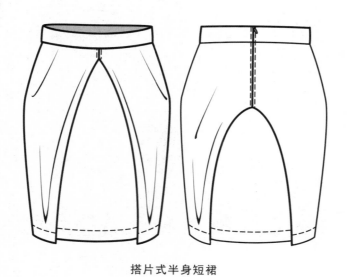

搭片式半身短裙

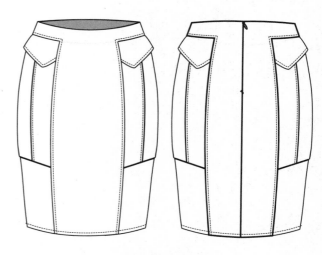

袋盖分割半身短裙

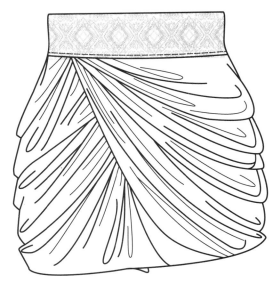

高腰细褶半身短裙

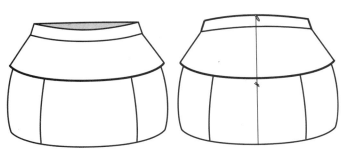

蒙古包式半身裙

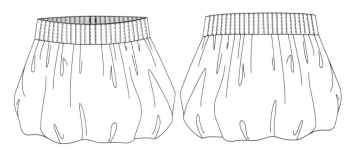

褶裥松紧带高腰短裙

褶裥短裙

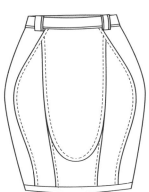
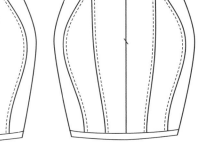

分割上腰隐拉半身裙

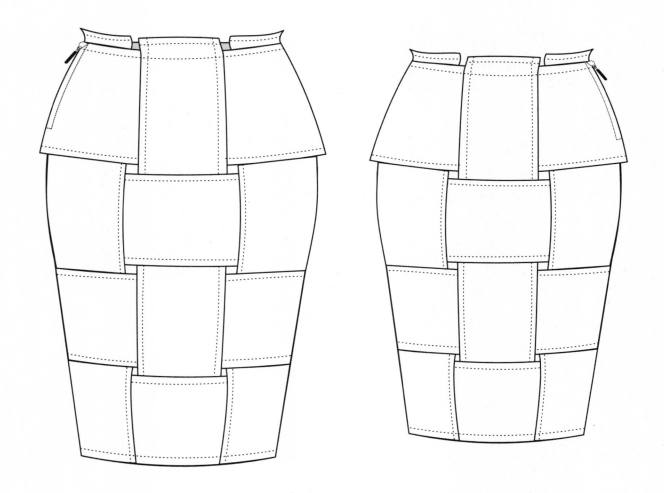

拼接辑线侧缝拉链中长裙

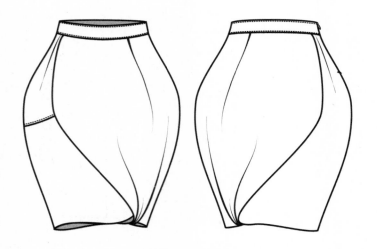

分割褶半身短裙

工字褶上腰系带半身中裙

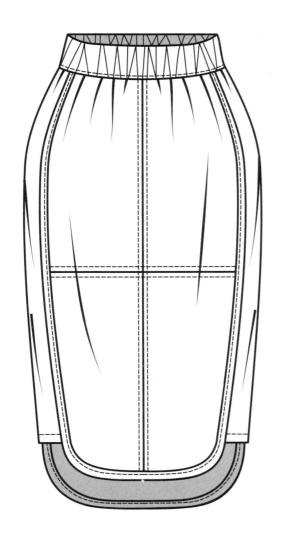
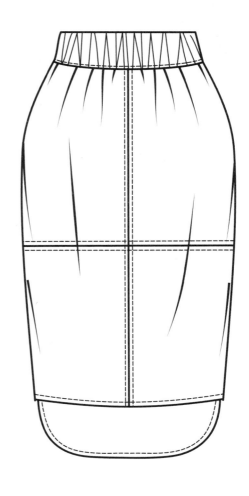

十字分割松紧腰半身短裙

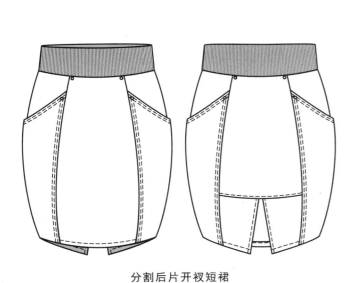

分割后片开衩短裙

简易分割中裙

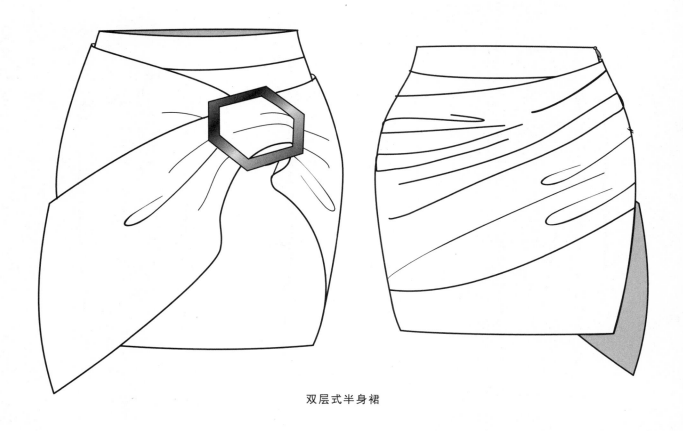

双层式半身裙

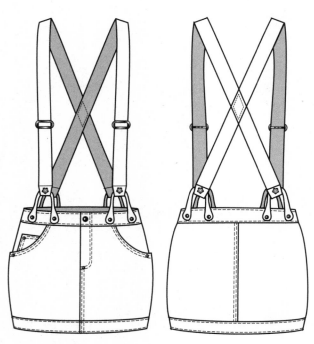

月牙袋背带裙

腰部绑带细褶包臀裙

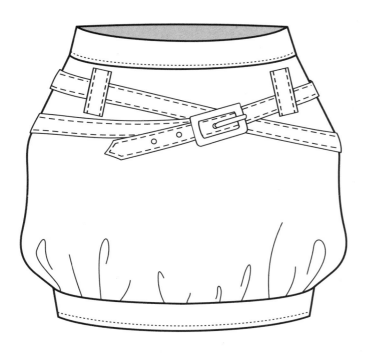
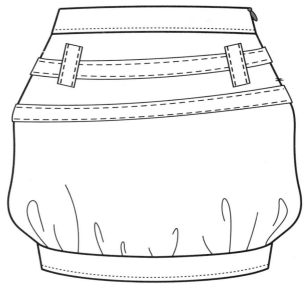

腰带细褶半身短裙

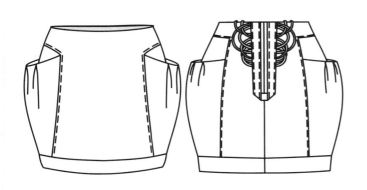

立体大口袋短裙

立体袋收口下摆抽皱钉扣半身短裙

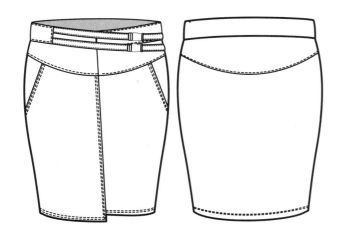

腰带分割斜插袋半身短裙

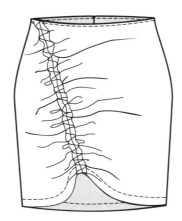
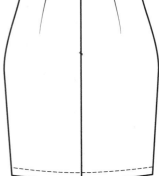

前片抽褶式半身裙

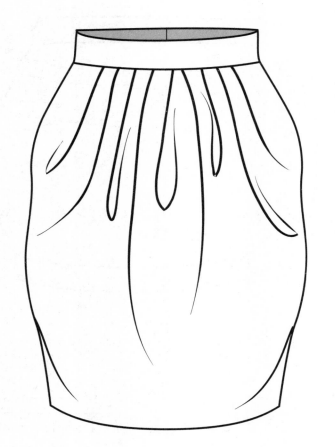

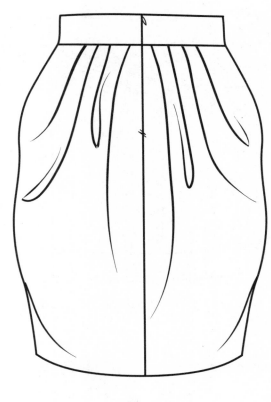

褶裥半身短裙

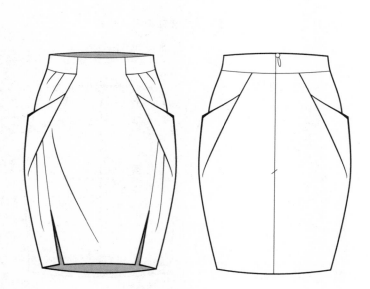

褶裥分衩后中拉链半身裙

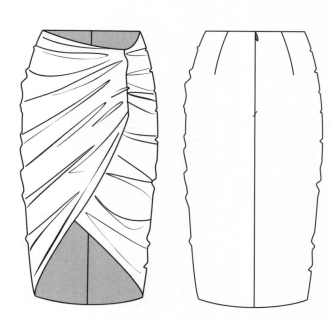

褶裥不对称中长裙

褶皱分割中腰短裙

月牙袋褶皱半身短裙

中腰花苞工字褶半身短裙

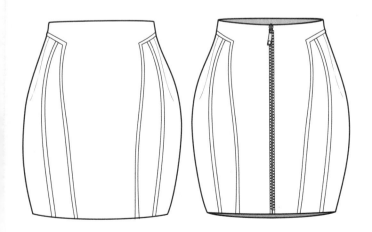

高腰拉链包臀裙

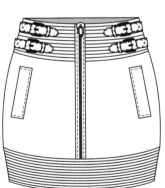

腰部扣襻装饰迷你裙

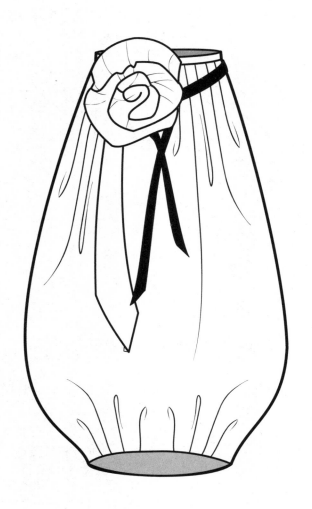
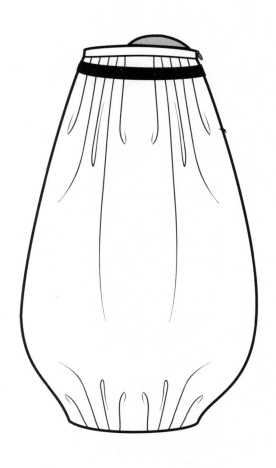

装饰花半身裙

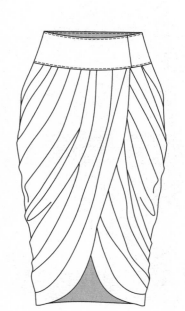
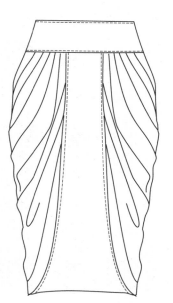

褶皱包臀中长裙

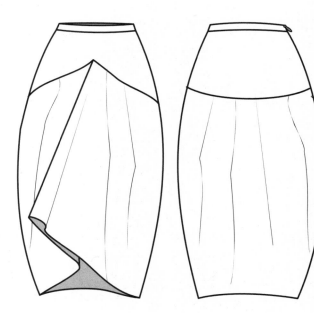

立体中长裙

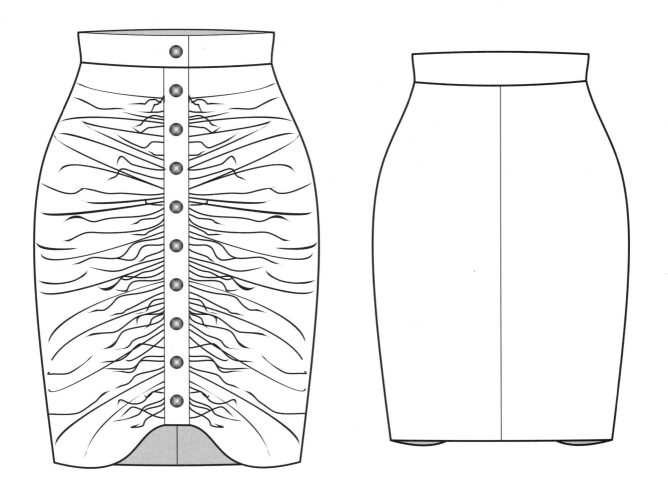

装饰扣褶皱细褶半身裙

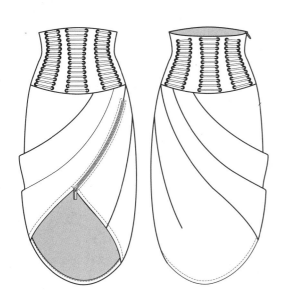

高腰褶裥不对称中长裙

编带高腰褶皱钉扣装饰后中隐拉半身中短裙

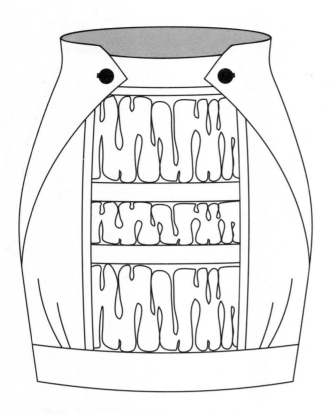
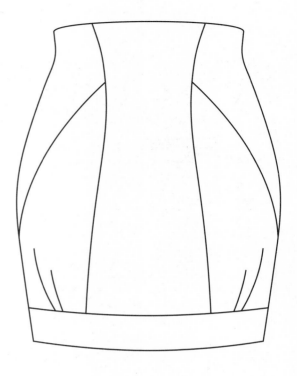

分割腰部装饰扣短裙

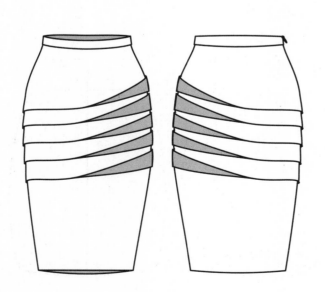

分割翻折式包臀裙

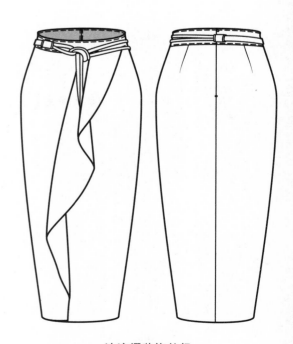

波浪褶装饰长裙

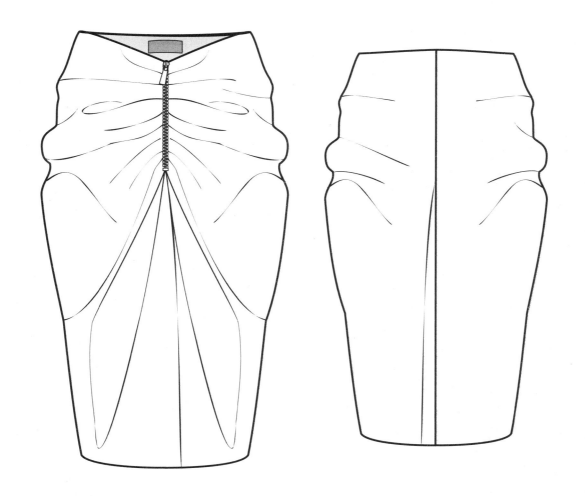

拉链抽褶半身裙

分割月牙袋褶裥开衩半身裙

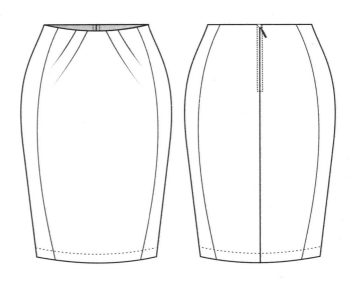

分割褶裥后中拉链半身裙

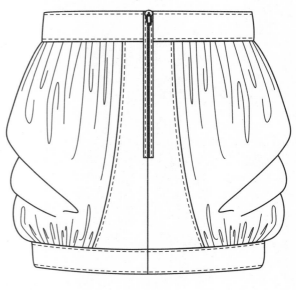

褶皱超短裙

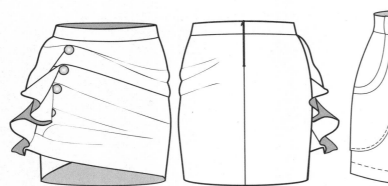

褶裥装饰扣包臀裙

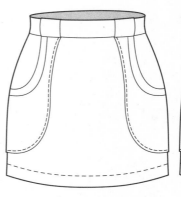

分割辑线装饰短裙

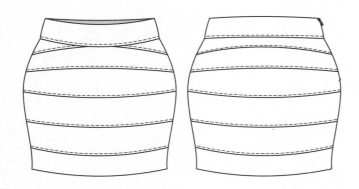

分割线装饰短裙

立体层次造型短裙

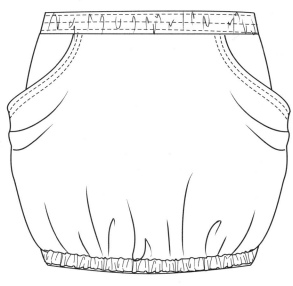

系带下收口半身短裙

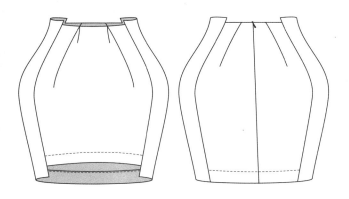

褶裥超短裙

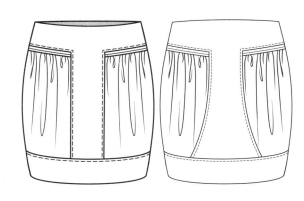

碎褶短裙

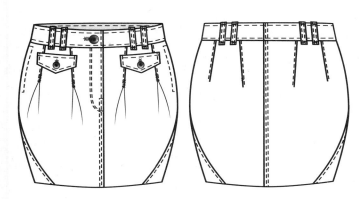

花苞Y字褶金属扣半身短裙

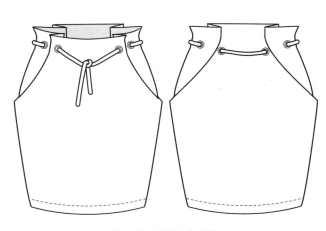

花苞型系带半身短裙

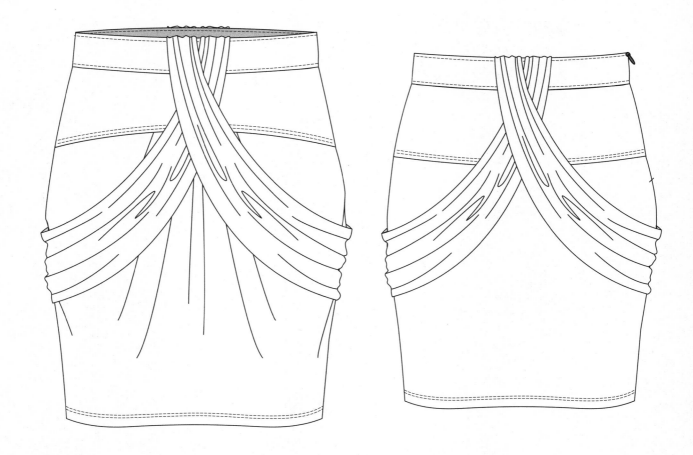

绑带半身裙

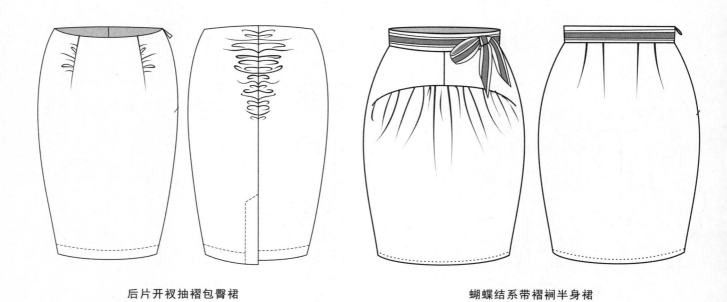

后片开衩抽褶包臀裙　　　　　　蝴蝶结系带褶裥半身裙

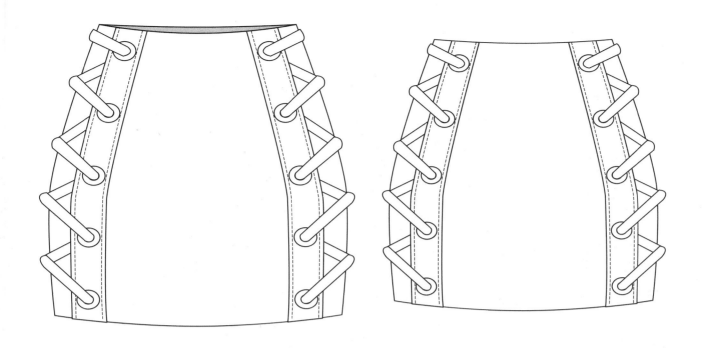

绑带分割半身裙

腰带前中拉链半身裙

月牙袋工字褶辑线短裙

几何松紧带中长裙

拉链褶裥短裙

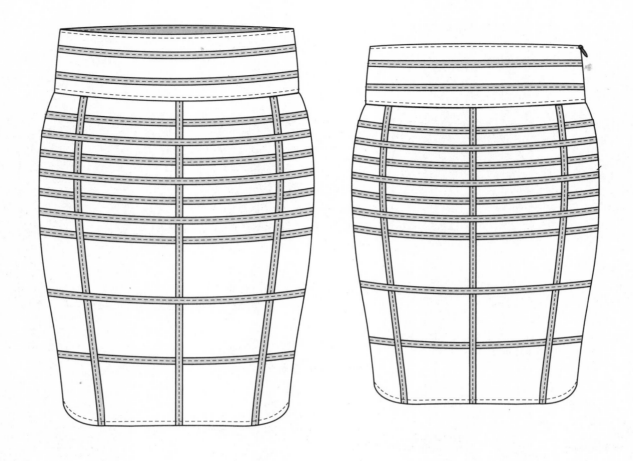

绑带拼接高腰半身裙

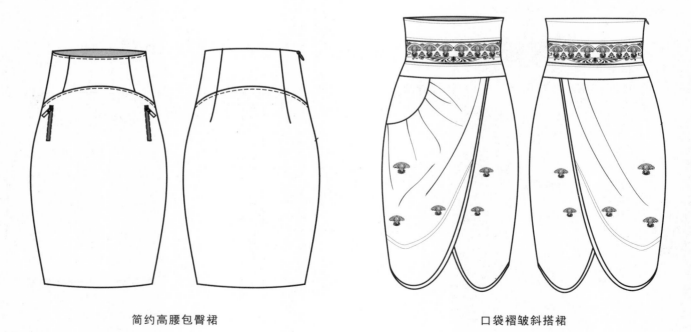

简约高腰包臀裙

口袋褶皱斜搭裙

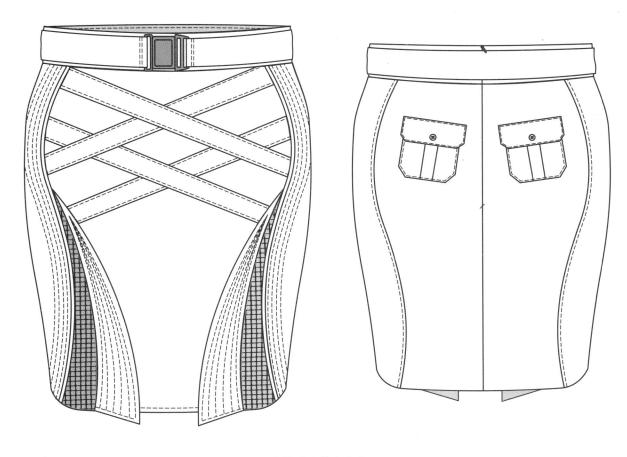

绑带系腰带半身裙

省道前中开衩后中拉链中长裙

前面扎系中长裙

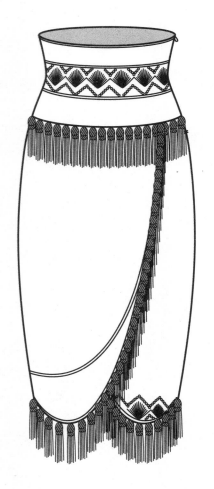
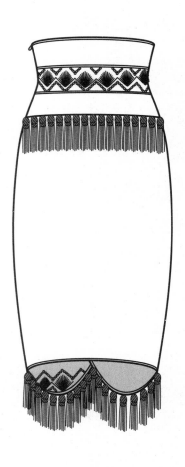

高腰斜襟流苏裙

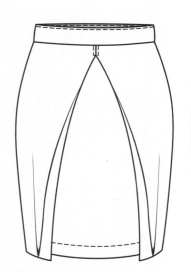
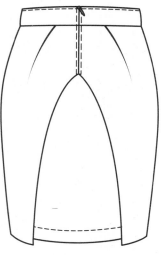

双层搭片省道半身裙

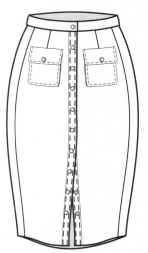
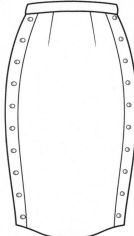

双口袋装饰扣半身裙

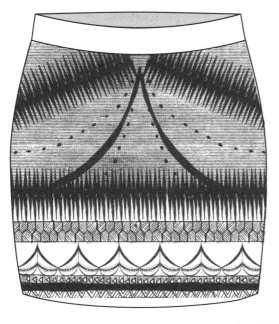
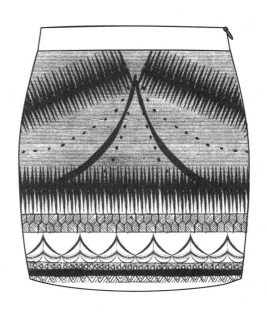

包臀纹样短裙

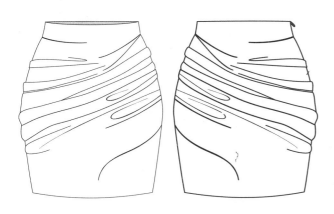

褶裥短裙

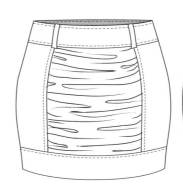

包臀皱褶拼接襻扣半身短裙

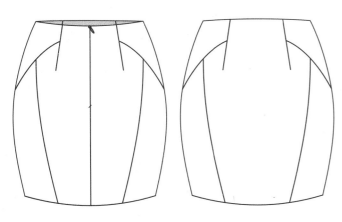

线条分割包臀短裙

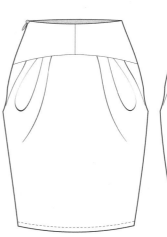

臀部褶皱半身裙

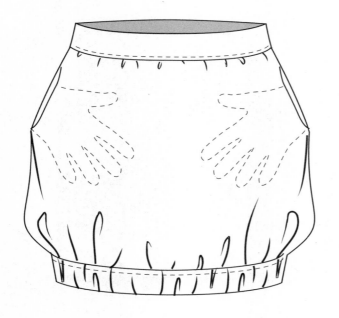
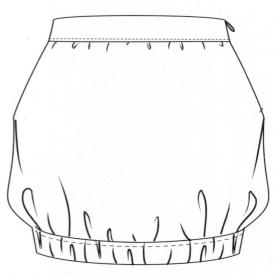

抽褶下摆松紧牛筋短裙

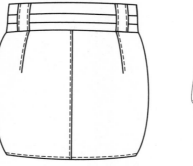

休闲短裙

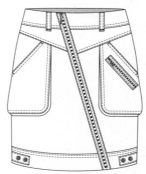
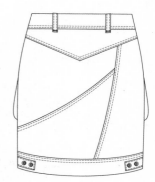

斜拉链大口袋分割辑线短裙

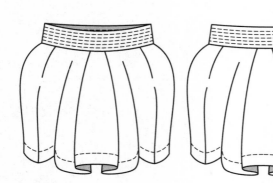

休闲裙

腰部褶裥短裙

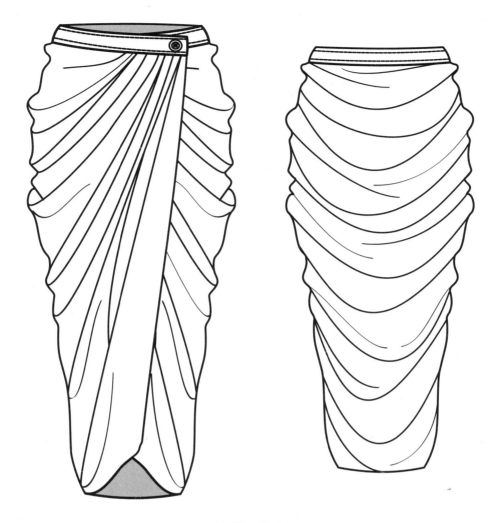

抽褶斜开襟长裙

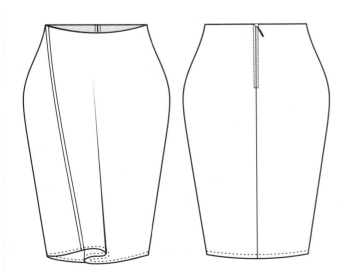

斜分割波浪后中拉链中长裙

腰部多褶皱半身裙

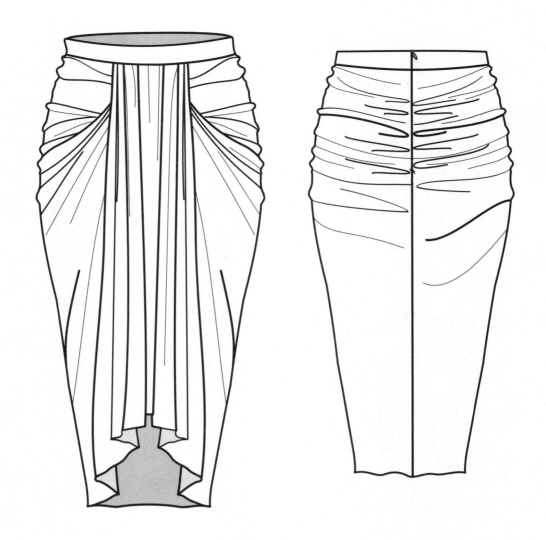

抽褶长裙

腰部装饰褶皱半身裙   腰带分割褶裥中长裙

立体装饰裙

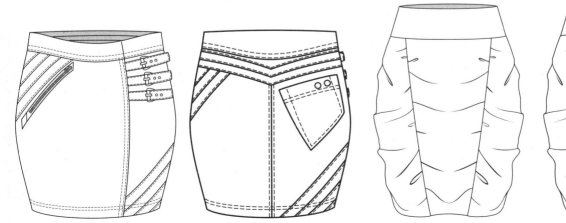

朋克搭扣拉链包臀裙

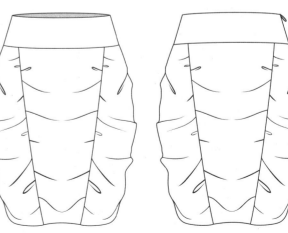

宽腰分割褶裥半身裙

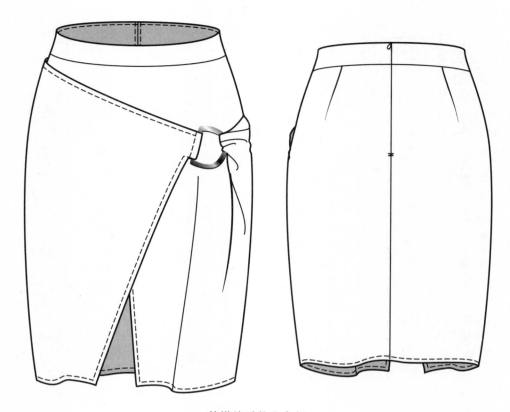

前搭片系扎半身裙

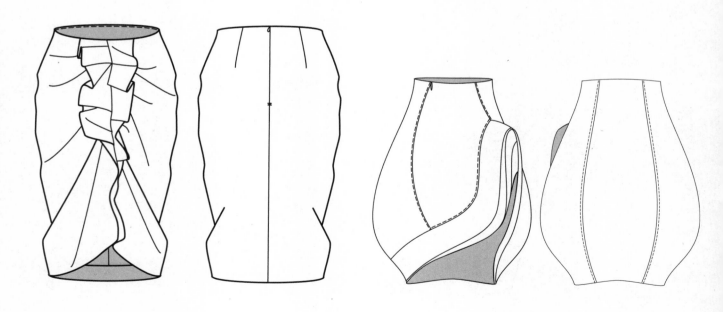

前片抽褶褶皱半身裙

立体层次造型半身裙

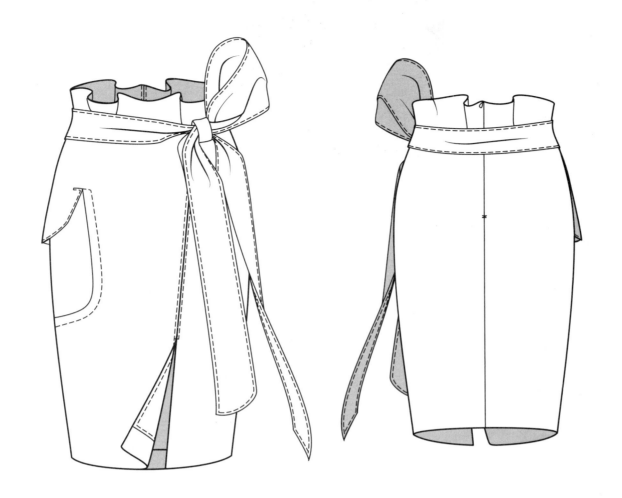

腰部夸张系带半身裙

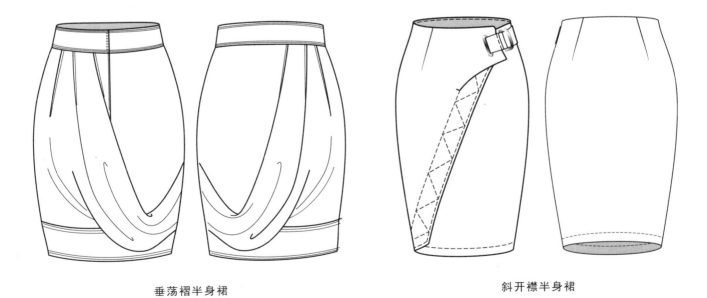

垂荡褶半身裙

斜开襟半身裙

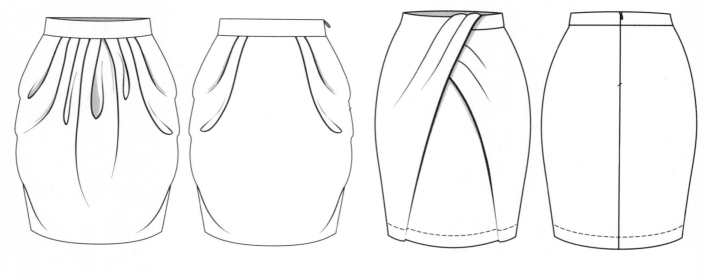

褶裥短裙

褶裥后中拉链半身裙

褶裥倒L分割半身裙

月牙袋细褶腰部装饰扣半身裙

第五章

款式图设计
（T型）

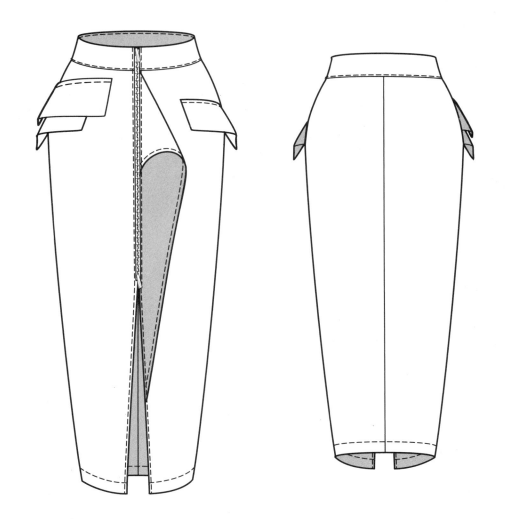

袋盖装饰波浪前中拉链半身裙

波浪边附加裙下摆蕾丝装饰中长裙

不对称波浪搭片开衩包臀裙

裘皮装饰中裙

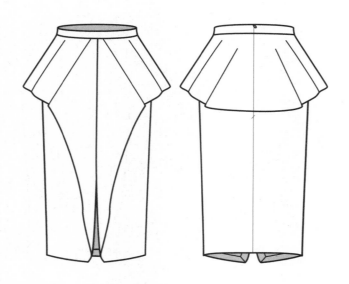

对称波浪搭片前片开衩半身裙

腰带不对称波浪半身裙

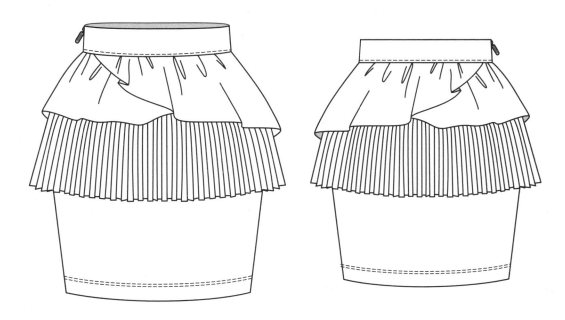

百褶荷叶边附加片短裙

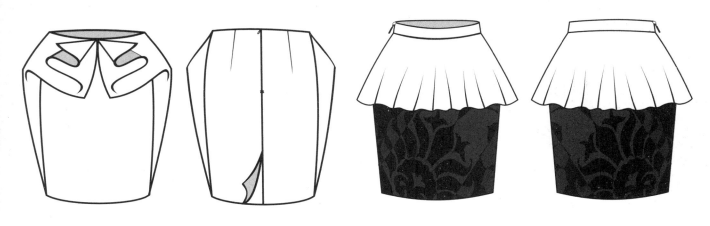

波浪半身裙

波浪边附加片短裙

腰带波浪搭片半身裙

波浪包臀裙

蝴蝶结系扎不对称半身裙

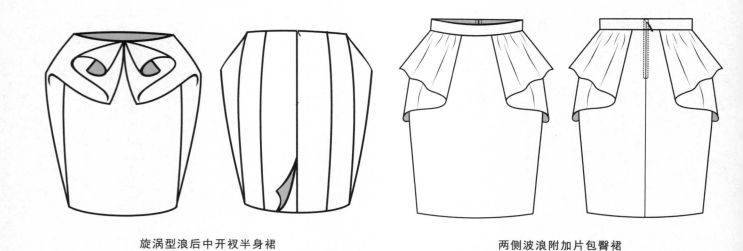

旋涡型浪后中开衩半身裙

两侧波浪附加片包臀裙

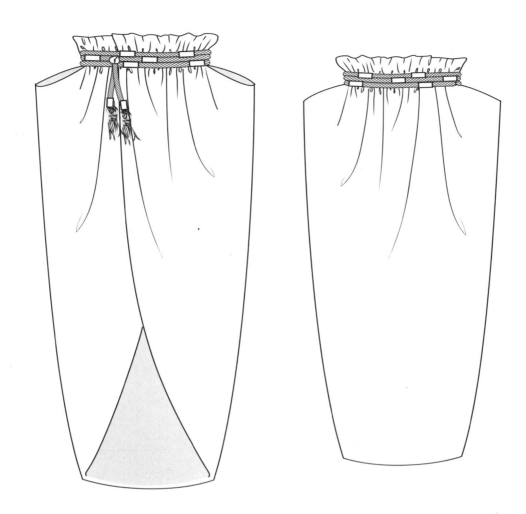

花瓶型系腰带褶皱下摆花苞型半身长裙

不对称裙

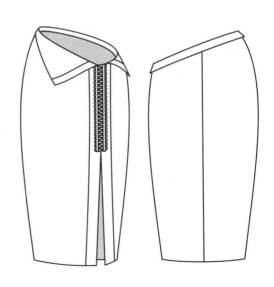

不对称腰带领及膝半身裙

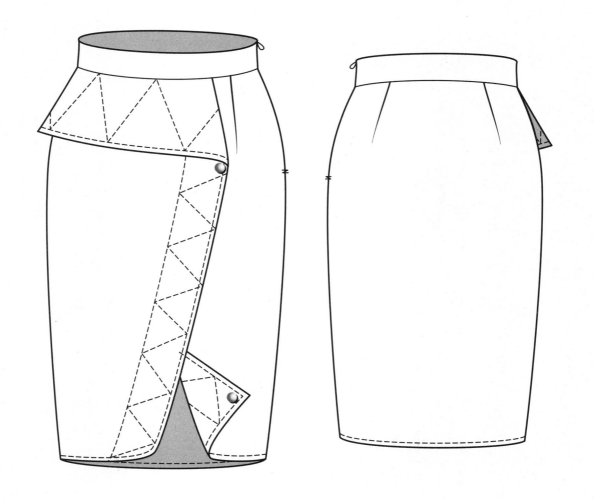

胯部翻折片裙

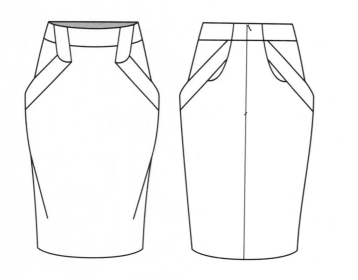

穿插折叠中长裙

附加片包臀裙

胯部立体造型中长裙

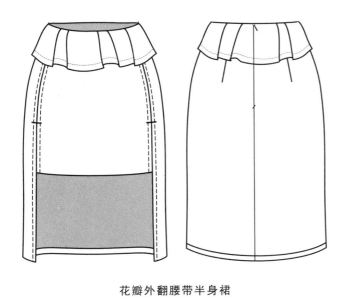

花瓣外翻腰带半身裙

胯部立体廓型中长裙

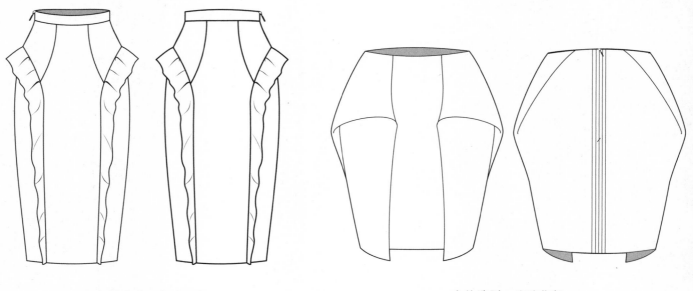

两侧波浪边分割中长裙　　　　　　　　　　立体造型一步迷你裙

双排扣半身裙　　　　　　　　　　双层波浪边半身裙

第六章

款式图设计
（组合型）

半边百褶不对称半身裙

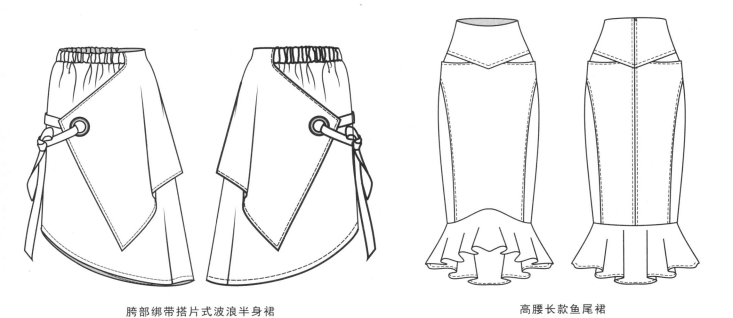

胯部绑带搭片式波浪半身裙

高腰长款鱼尾裙

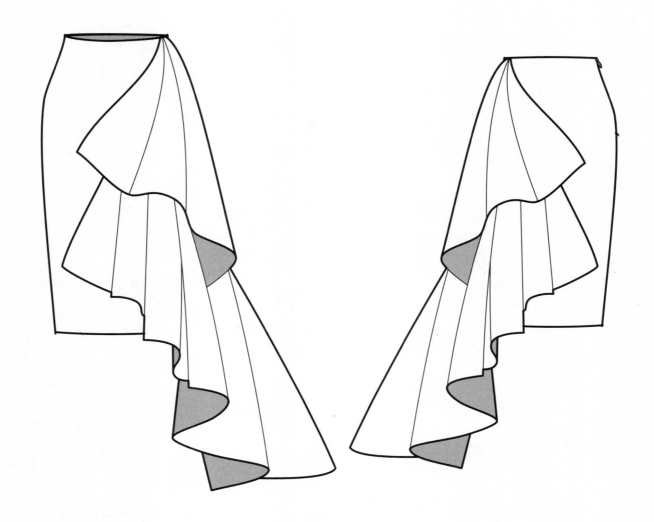

半边不规则波浪包臀裙

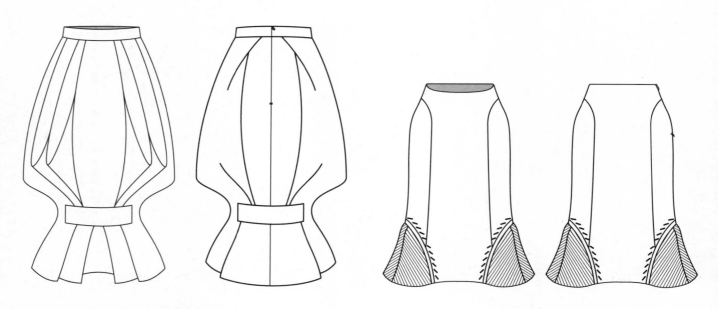

夸张立体造型鱼尾裙

包臀下摆鼓包半身中裙

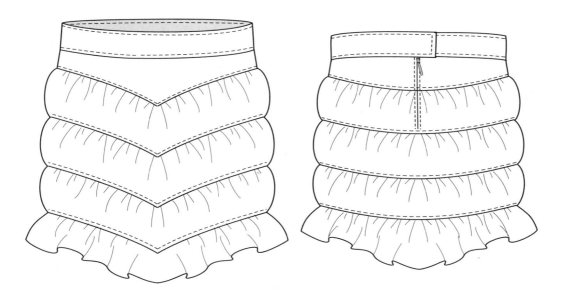

包臀隐拉箭头分割半身短裙

百褶组合裙

包臀波浪半身裙

半边百褶不对称牛仔半身裙

半截丝带波浪半身裙

包臀鱼尾裙

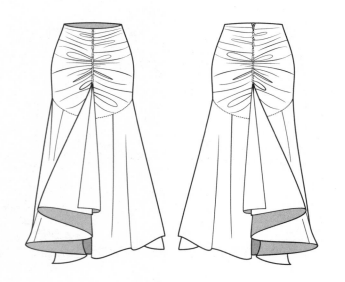

胯部褶皱大摆裙

包臀不对称分割波浪裙

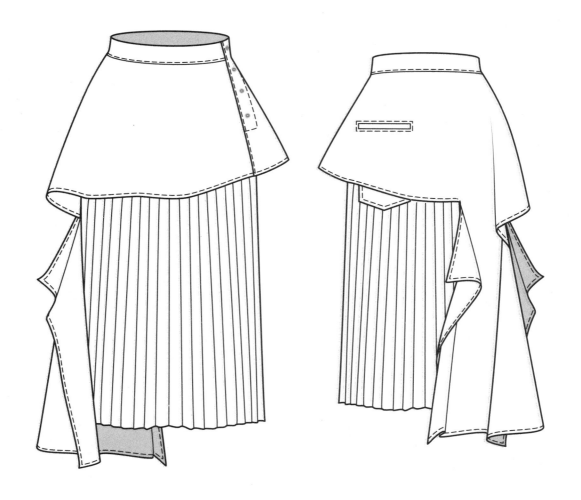

波浪百褶组合裙

波浪不对称牛仔裙

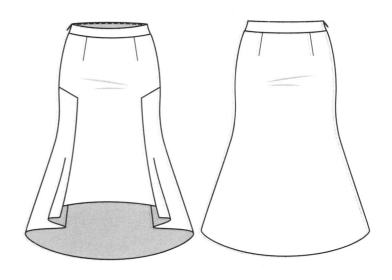

包臀小鱼尾波浪半身裙

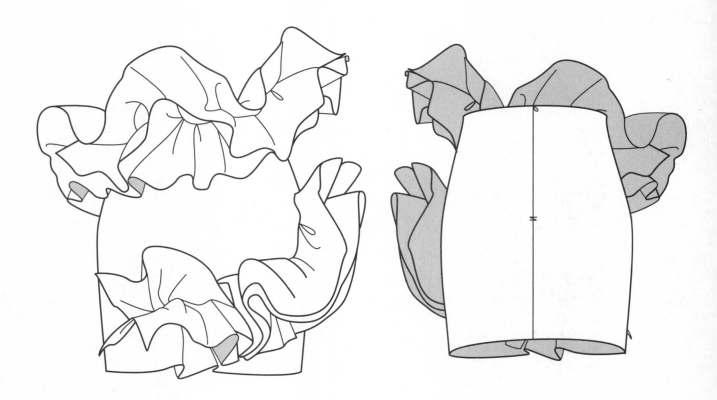

波浪边装饰半身短裙

包臀波浪下摆拉链装饰短裙

波浪后中分割拉链半身裙

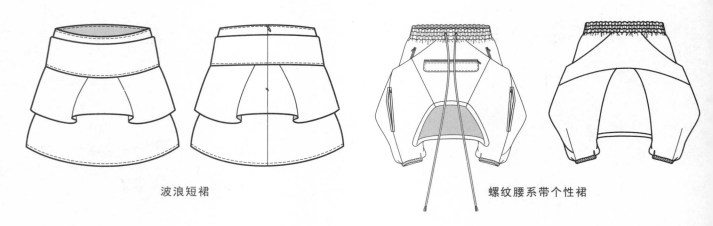

波浪短裙

螺纹腰系带个性裙

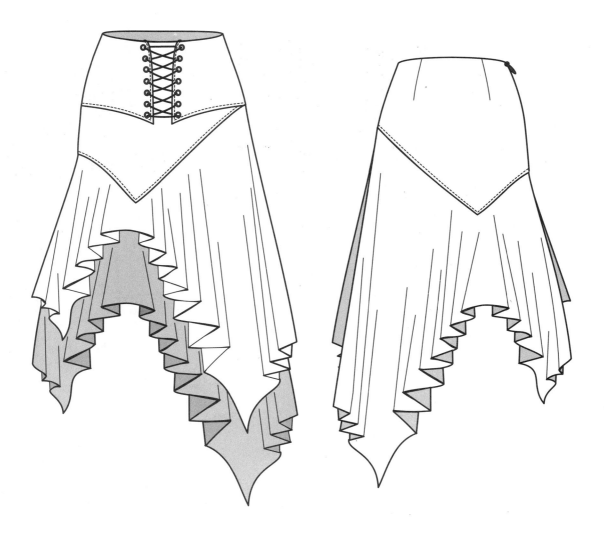

波浪不规则中裙

蕾丝花边装饰组合裙

波浪褶裥鱼尾裙

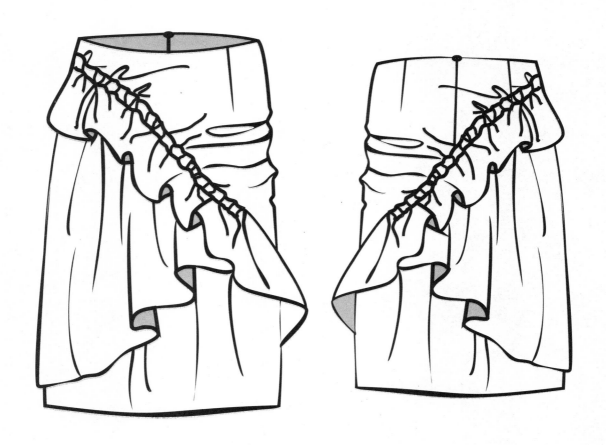

波浪抽褶不对称半身裙

抹胸蛋糕荷叶边多皱褶长裙

不对称松紧带下摆条纹波浪半身长裙

波浪休闲裙

波浪褶皱短裙

波浪短裙

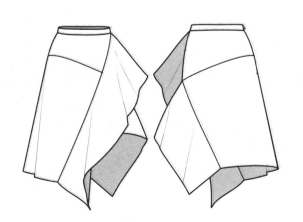

不对称斜下波浪分割半身裙

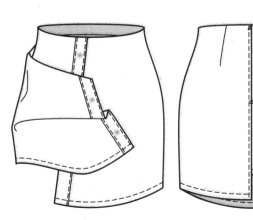

不对称褶裥半身裙

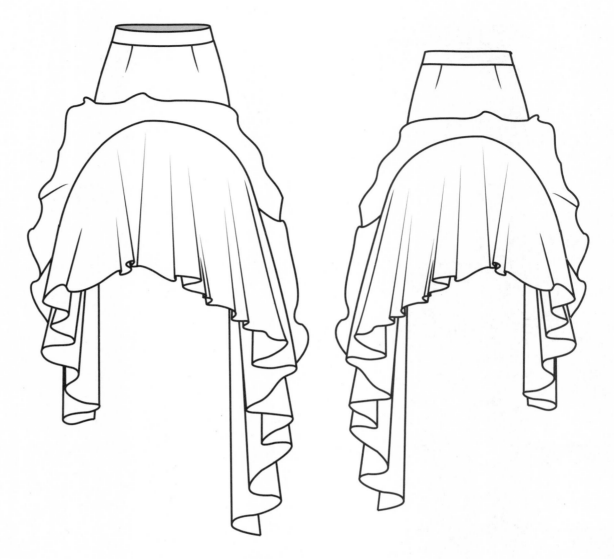

波浪褶不对称裙摆组合裙

流苏半身裙

流苏中长裙

波浪褶系带组合裙

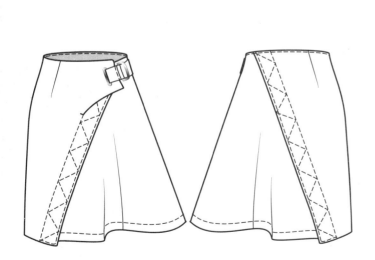

不对称波浪裙

不对称波浪褶裙

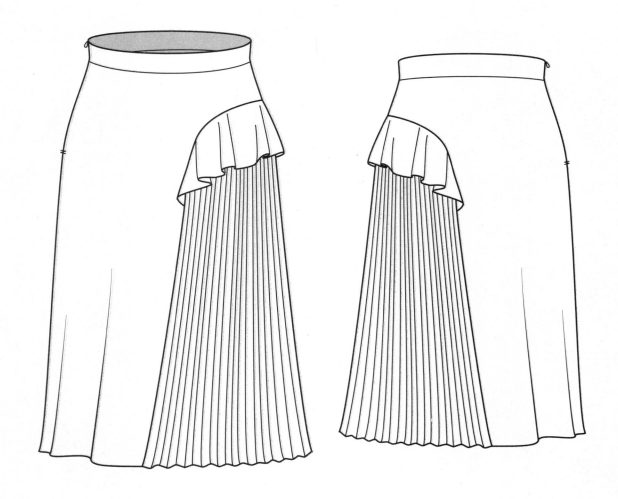

波浪褶细百褶组合裙

不对称盖叠中长裙

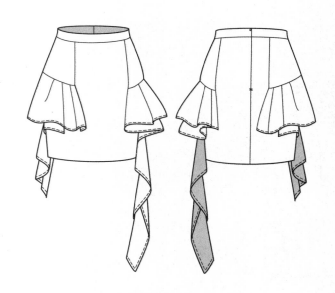

不对称垂挂波浪半身裙

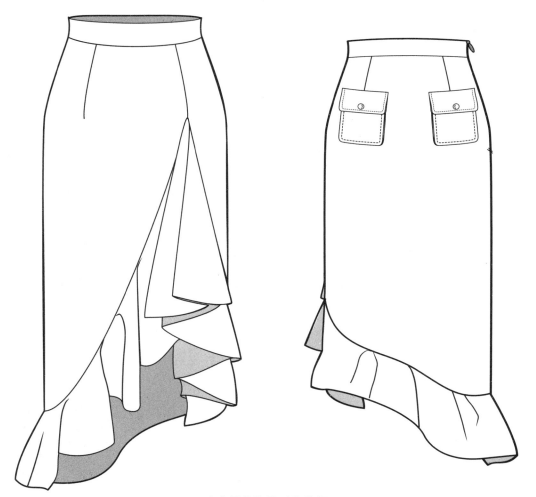

波浪褶装饰不对称长裙

不对称折叠腰带半身裙

不对称褶皱半身裙

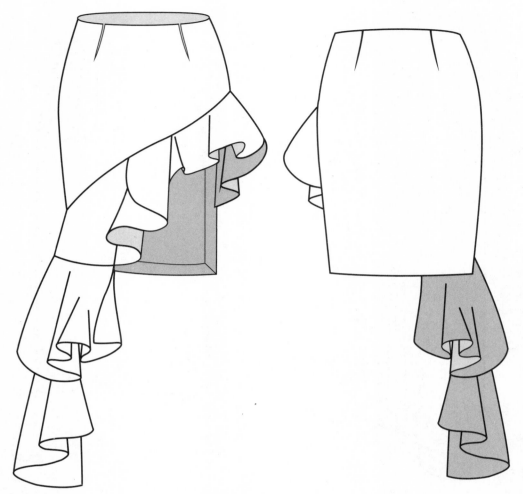

波浪褶装饰不规则组合裙

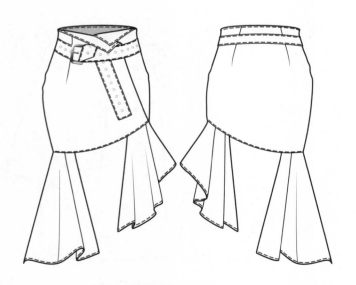

不规则波浪腰部系带组合裙

不规则波浪装饰组合裙

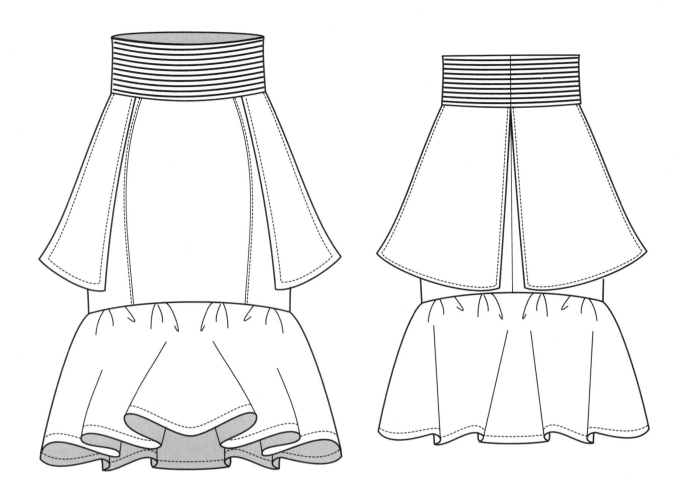

波浪组合半身裙

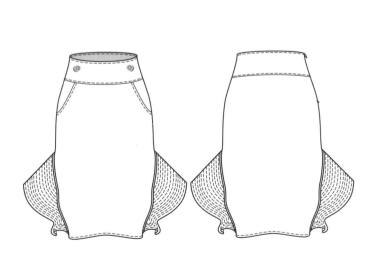

侧缝蝶翼装饰组合裙

不规则组合裙

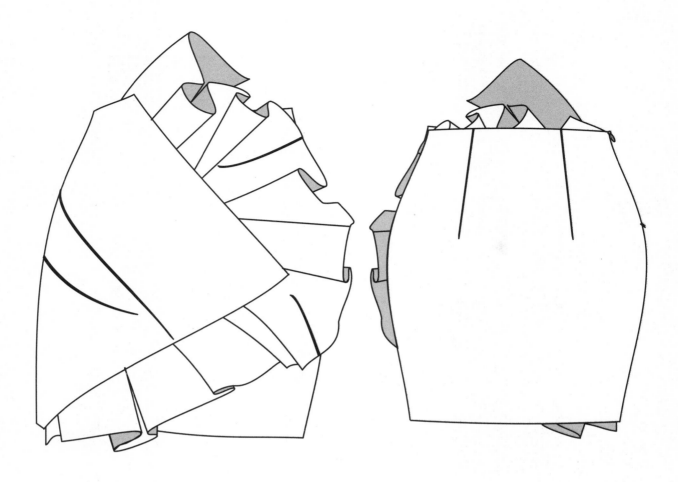

不对称褶皱波浪短裙

袋盖装饰扣组合裙

大摆设计波浪半身中长裙

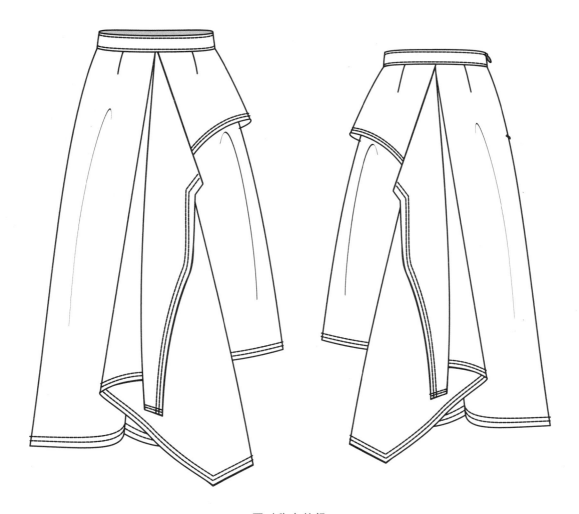

不对称中长裙

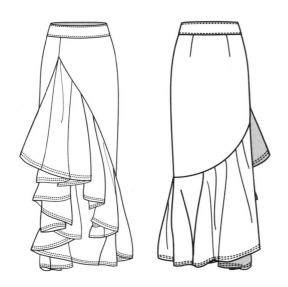

前短后长不对称鱼尾裙

前短后长不规则波浪褶皱中长裙

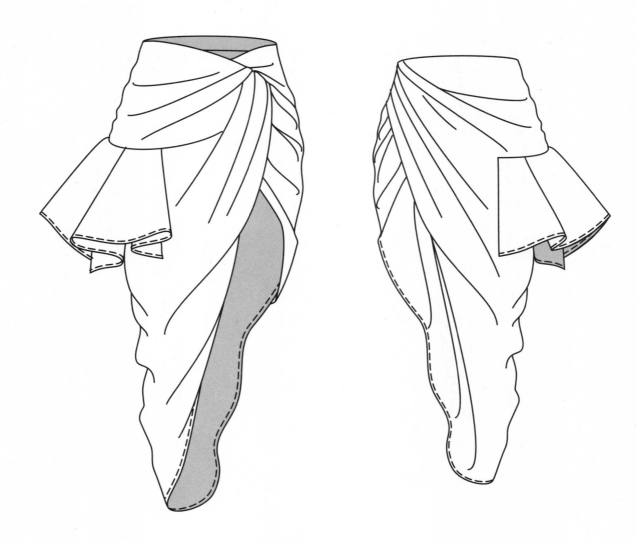

不对称波浪褶裥不规则半身裙

前片褶皱抽褶不对称波浪半身裙

蕾丝鱼尾裙

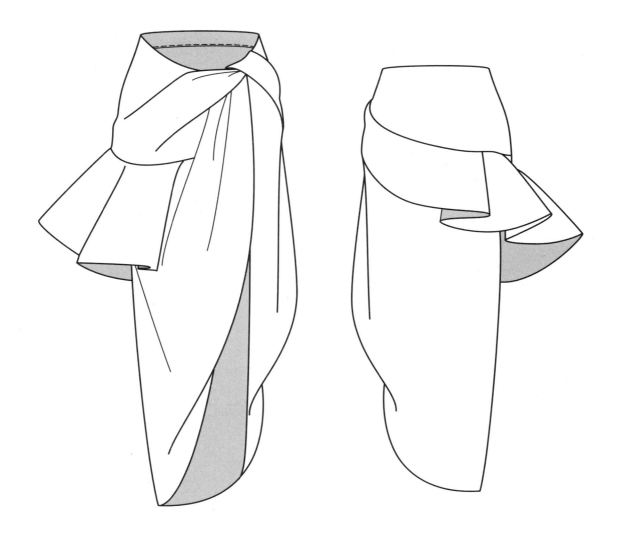

不对称波浪褶裥长裙

翻折式腰分割不对称波浪半身中长裙　　　　　分割不对称波浪半身裙

不对称波浪短裙

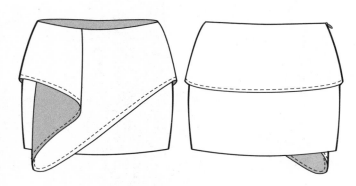

不对称装饰波浪半身短裙

不对称波浪装饰扣半身短裙

分割波浪中长裙

分割下摆不对称波浪鱼尾裙

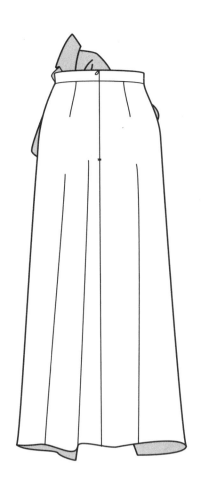

不对称波浪裙

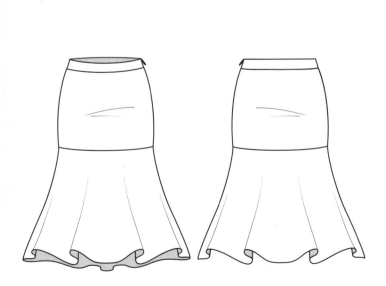

分割鱼尾裙

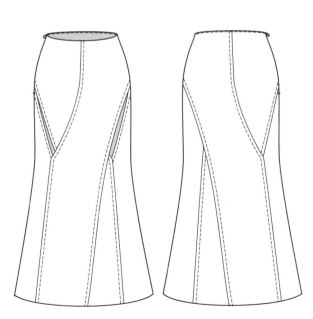

分割长裙

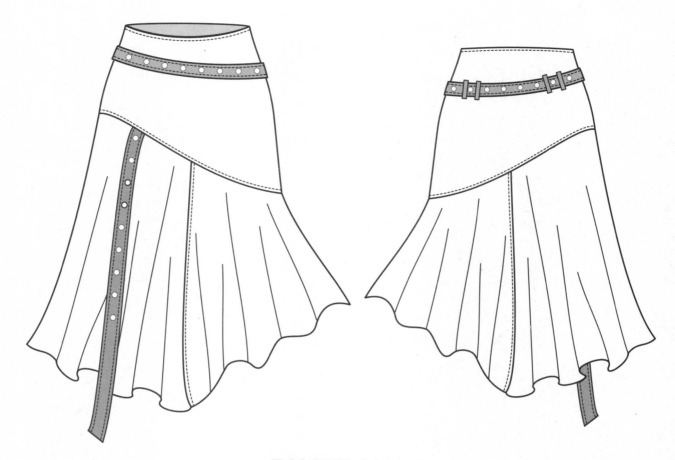

不对称波浪褶组合半身裙

分割左右双层盖叠后中拉链中裙

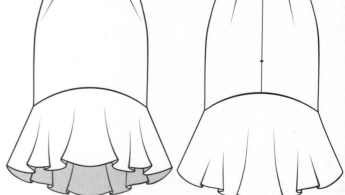

分隔鱼尾裙

不对称侧边波浪裙

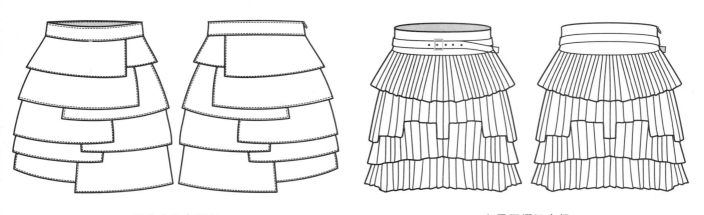

叠盖式半身短裙

多层百褶组合裙

高腰辑线牛仔短裙

高腰搭扣小礼裙

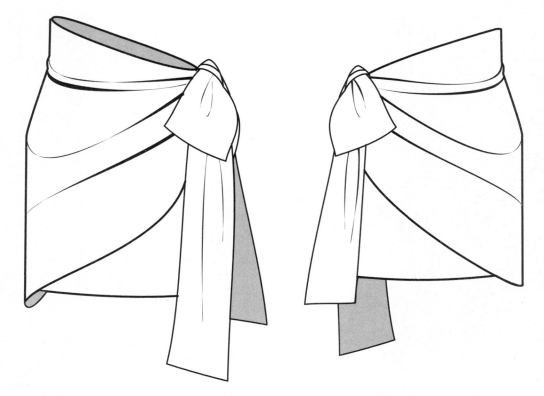

不对称蝴蝶结褶裙

多层次短裙

翻折式腰波浪半身裙

盖叠放射形褶单波浪不对称半身中裙

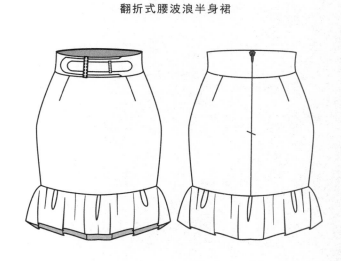

荷叶边下摆小鱼尾裙

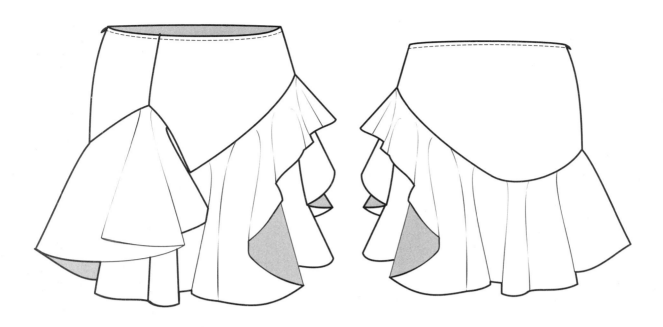

不对称木耳边半身裙

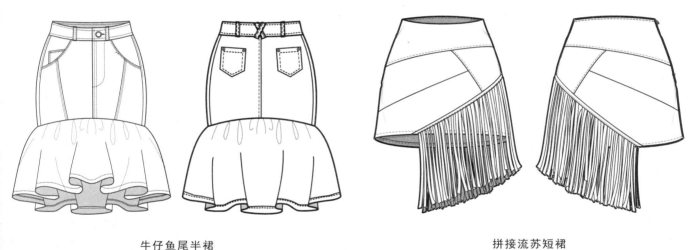

牛仔鱼尾半裙

拼接流苏短裙

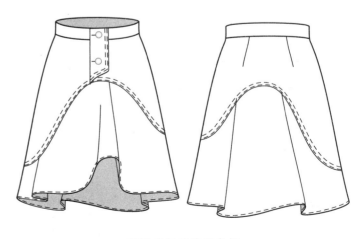

后中拉链短裙

弧形分割波浪半身裙

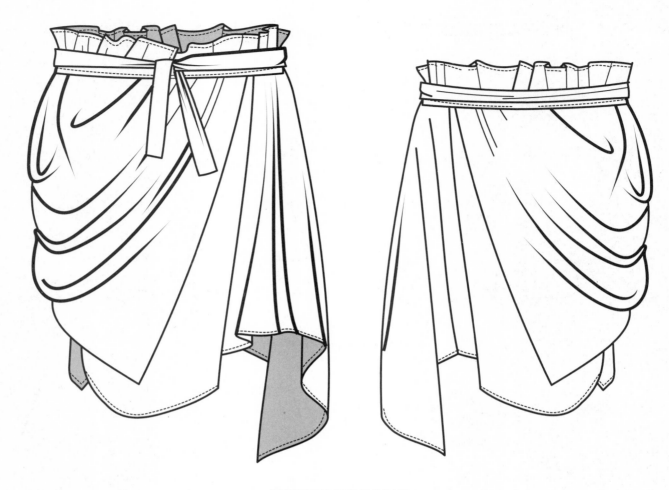

不规则波浪腰带半身短裙

双口袋鱼尾裙

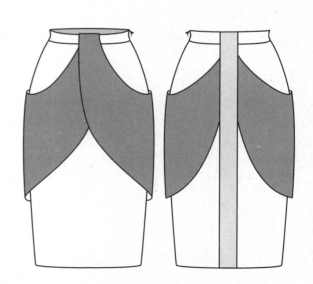

花瓣及膝包臀裙

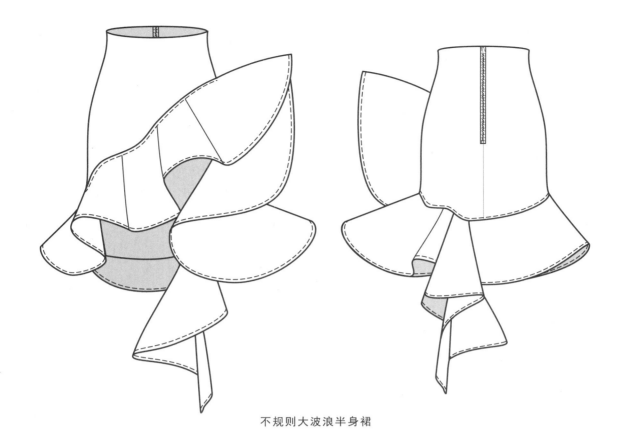

不规则大波浪半身裙

蝴蝶节腰带小短裙

双层褶皱蝴蝶结半身短裙

花瓶褶皱侧隐拉链半身裙

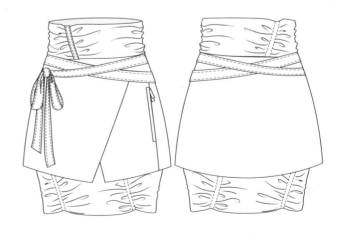

假两件高腰侧拉链抽褶下摆腰系带蝴蝶结半身裙

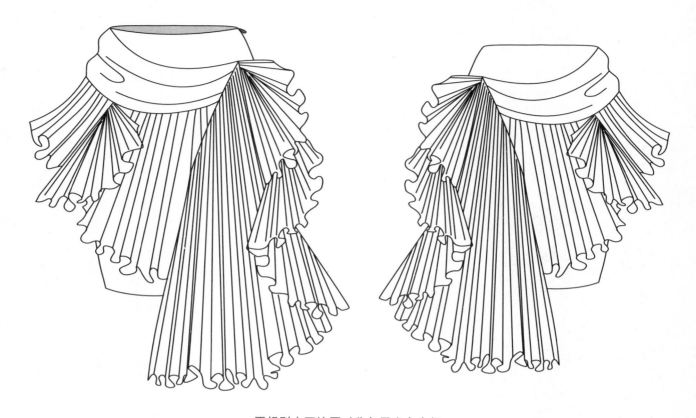

不规则木耳边不对称包臀半身中裙

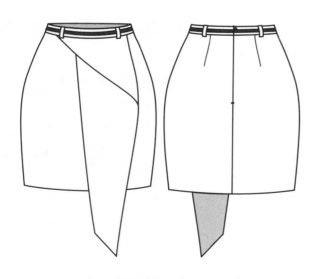

简约波浪半身裙

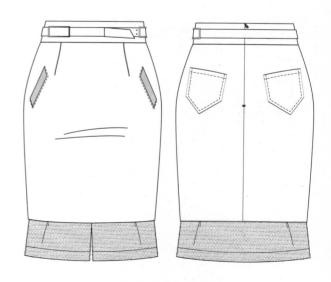

简约及膝包臀裙

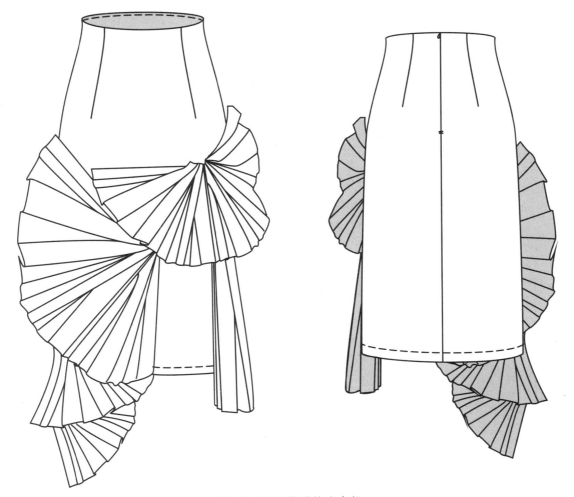

不规则扇形褶裥装饰半身裙

口袋腰带腰褶皱中裙

口袋波浪鱼尾裙

不规则组合半身裙

前包裙后鱼尾组合裙

拉链分割鱼尾中长裙

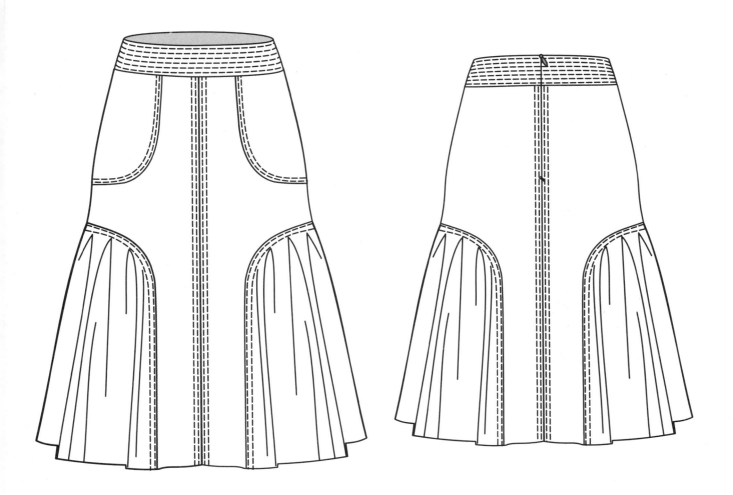

侧摆抽碎褶牛仔裙

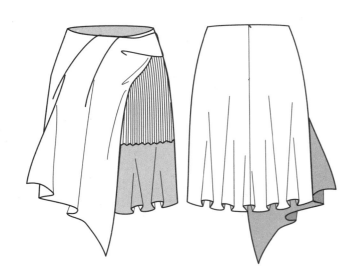

拼接多层次半身裙

拼接波浪组合裙

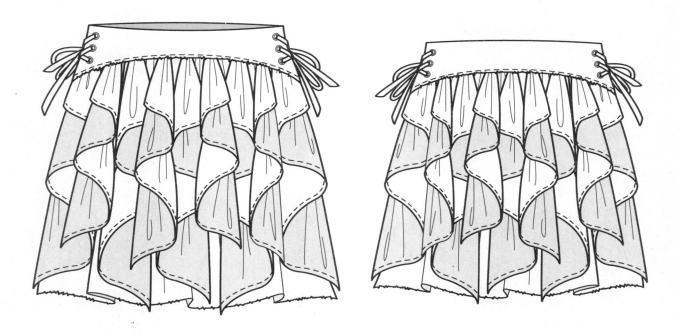

侧边系带多波浪多层半身短裙

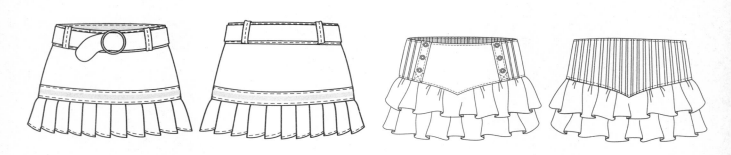

宽腰带襻扣拼接下摆百褶半身短裙

下摆双层波浪装饰扣辑线短裙

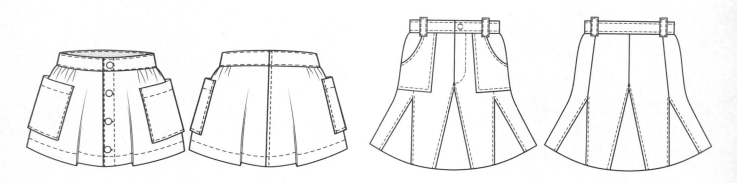

立体褶立体袋上腰钉扣半身短裙

喇叭牛仔半身裙

层次抽褶不对称裙

牛筋腰搭片波浪斜插袋半身裙

牛仔波浪下摆半身裙

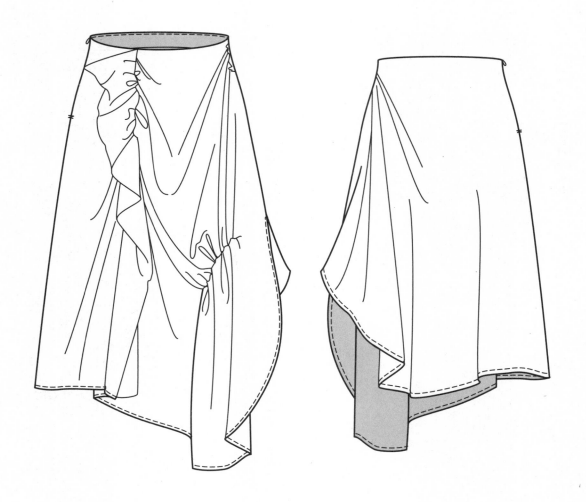

抽褶波浪中长裙

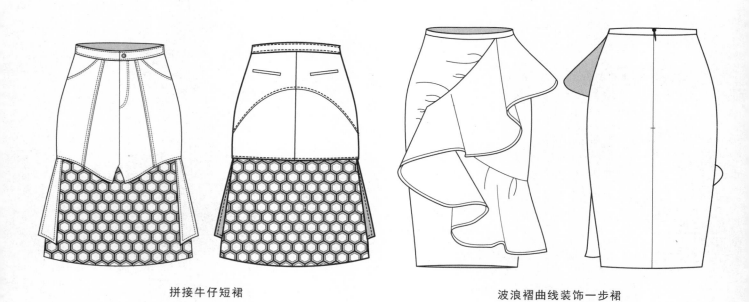

拼接牛仔短裙

波浪褶曲线装饰一步裙

抽褶下摆波浪褶组合裙

松紧带大波浪下摆褶皱半身短裙

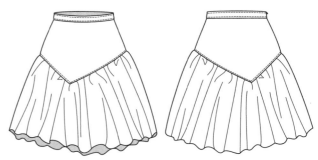

胯部不对称V型分割抽褶裙

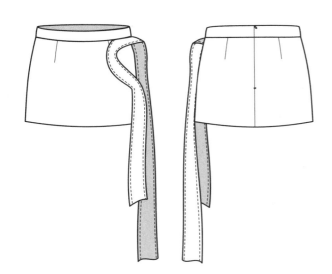

侧面带子装饰直筒超短裙

拼接月牙袋牛仔中长裙

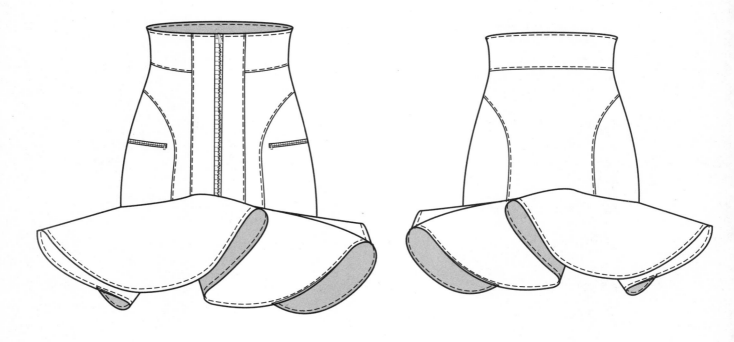

大波浪下摆分割组合裙

腰带不规则波浪短裙

条子装饰不对称短裙

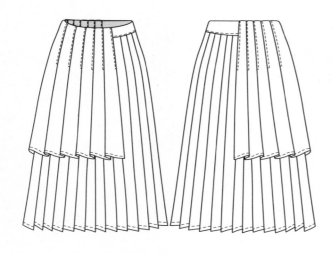

双层半身中长裙

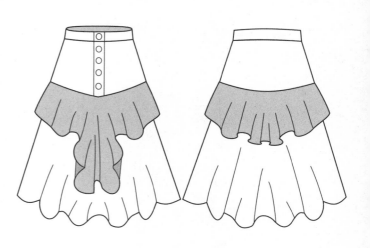

双层波浪分割裙

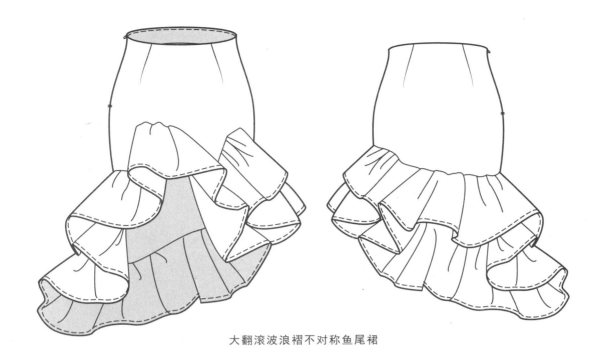

大翻滚波浪褶不对称鱼尾裙

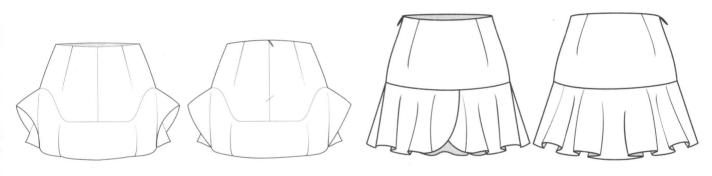

下摆波浪褶组合裙　　　　　　　　下摆波浪组合裙

双层波浪盖叠包臀裙

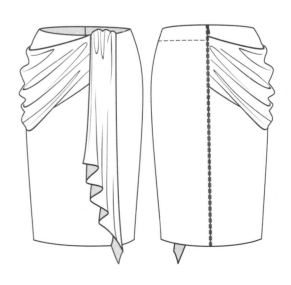

双层波浪装饰半身裙

多层波浪装饰扣月牙袋半身裙

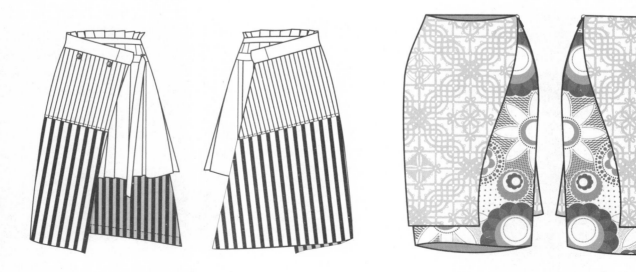

围裹式拼接腰部系带裙　　　　　　双层盖叠中长裙

多层波浪边叠加分割半身短裙

骷髅装饰系带装饰袋半身短裙

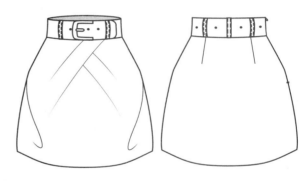

双褶皱腰带半身裙

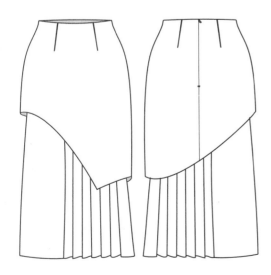

双层长裙

双排扣背心裙

多层波浪褶装饰不对称长裙

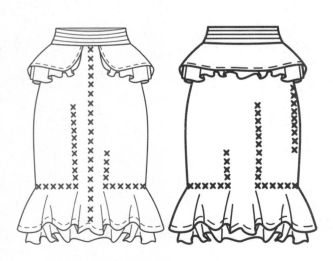

臀与底摆双层波浪辑线装饰组合裙

松紧腰装饰花下摆波浪中长裙

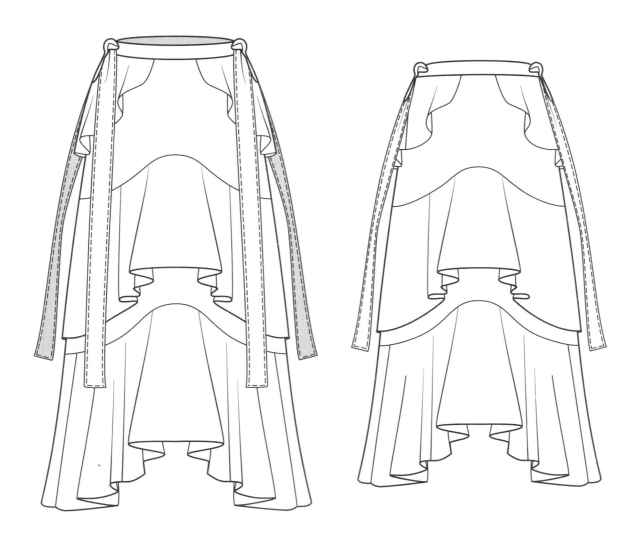

多层次波浪装饰组合裙

小鱼尾波浪裙

系带木耳边半身中裙

多层次波浪组合裙

斜门襟波浪长裙

系带细褶长裙

多层荷叶边长裙

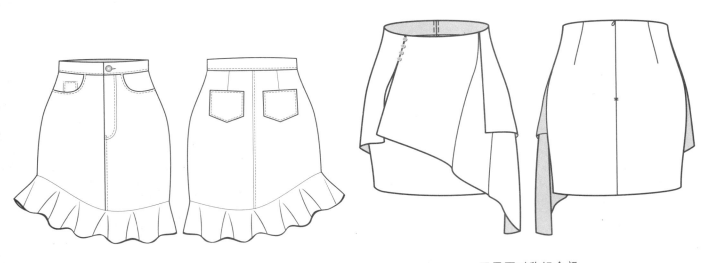

下摆波浪牛仔裙　　　　　　　　双层不对称组合裙

多层斜下波浪褶皱中长裙

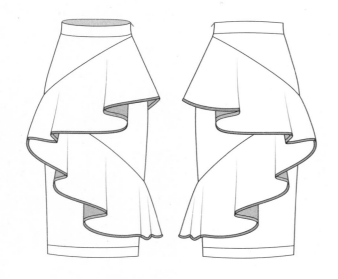

斜下波浪中腰中长半身裙

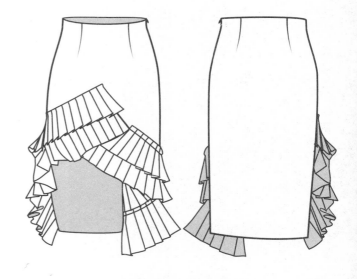

下摆不规则百褶半身裙

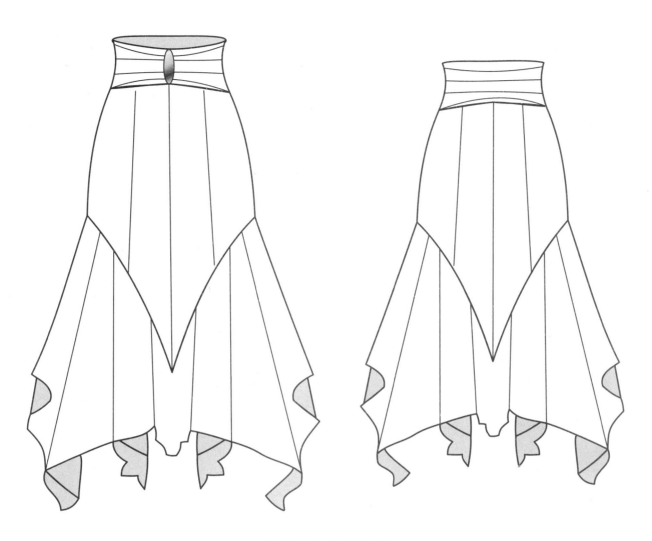

分割不对称裙摆组合裙

斜下波浪下摆波浪半身长裙

下摆抽褶波浪组合裙

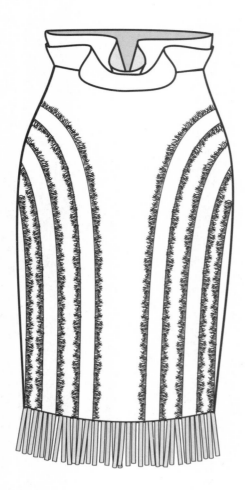
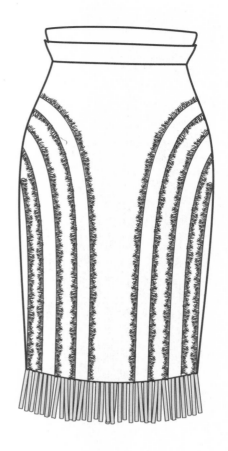

分割毛边流苏底半身裙

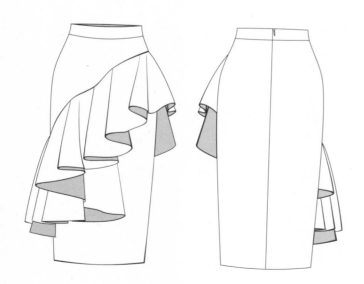

斜下波浪中长裙

下摆斜下波浪半身长裙

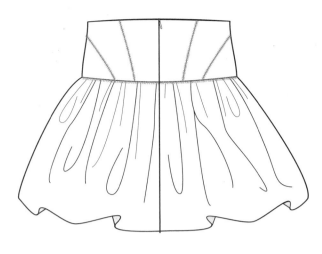

高腰金属扣装饰抽褶半身短裙

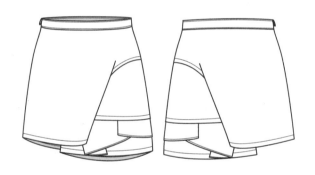

下摆多层叠加半身裙

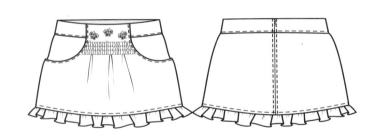

下摆木耳边前中褶皱月亮袋上腰隐拉半身短裙

小鱼尾绑带蝴蝶结半身裙

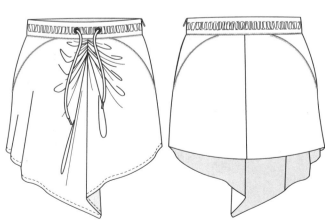

系带前中褶皱前长后短波浪半身裙

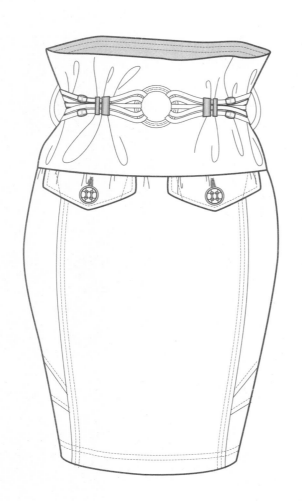
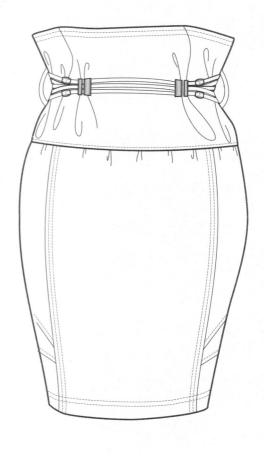

高腰绑带半身裙

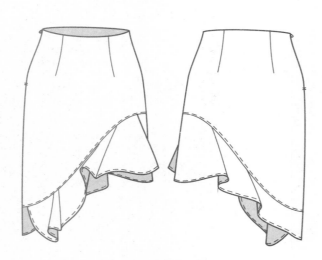

斜下波浪包臀裙

斜下波浪五角星装饰半身裙

高腰长款半身裙

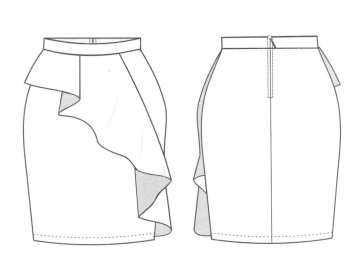

斜下波浪盖叠后中拉链短裙

斜下波浪中长裙

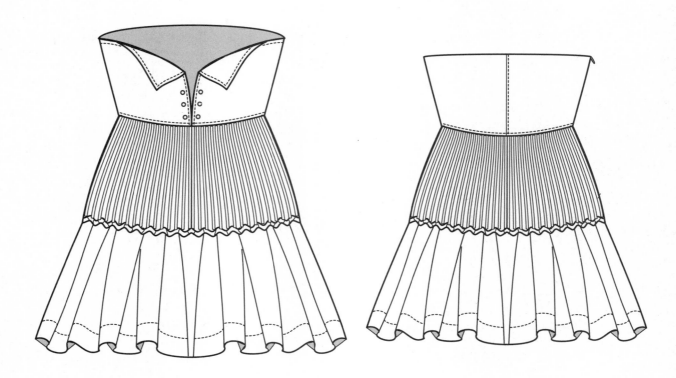

高腰组合大摆裙

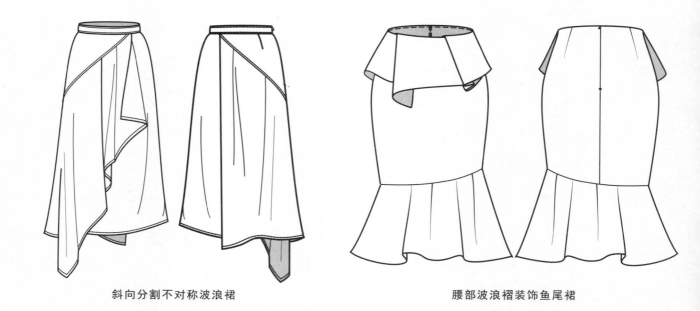

斜向分割不对称波浪裙

腰部波浪褶装饰鱼尾裙

荷叶边不对称长款鱼尾裙

腰部叠盖分割短裙

腰部叠盖后中拉链中长裙

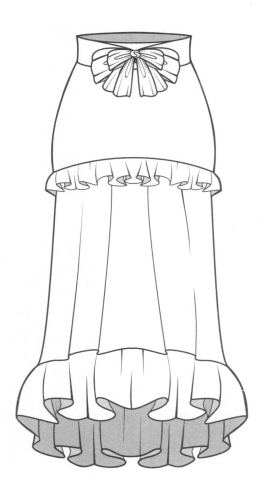

荷叶边蝴蝶结装饰横向分割长裙

腰部金属链装饰组合裙

腰部扎系不对称组合裙

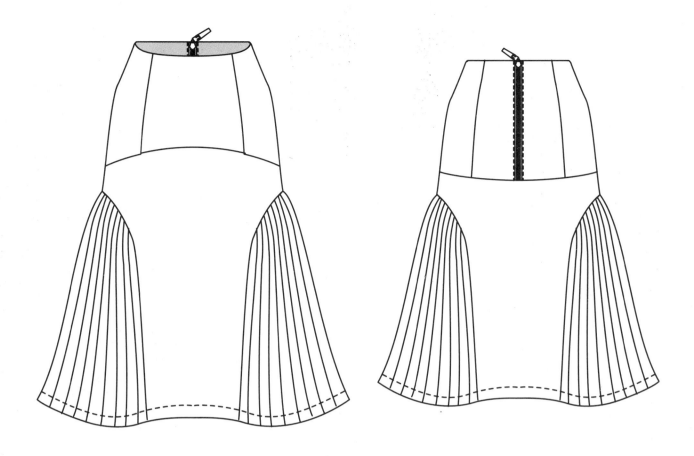

弧线分割组合裙

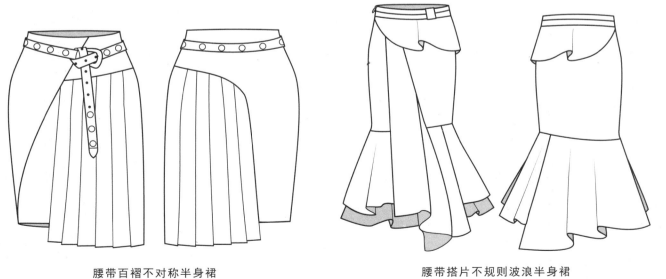

腰带百褶不对称半身裙

腰带搭片不规则波浪半身裙

弧线拼接波浪组合裙

腰带前片波浪摆半身裙　　　　　　　腰带双层波浪裙

蝴蝶结装饰多层波浪长裙

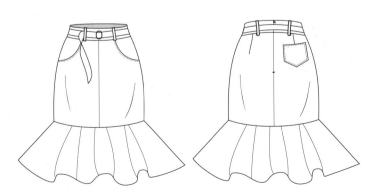

腰带下摆波浪半身裙

腰带波浪半身裙

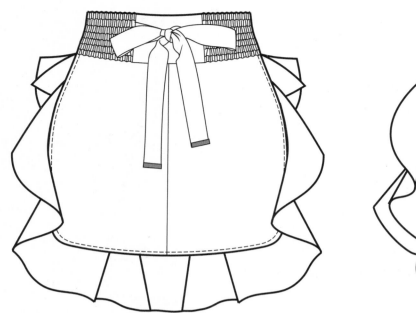
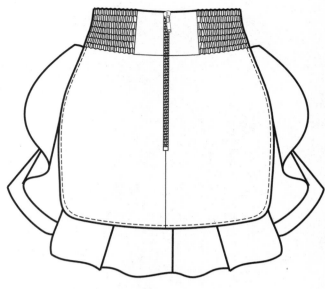

蝴蝶系带松紧腰波浪边半身短裙

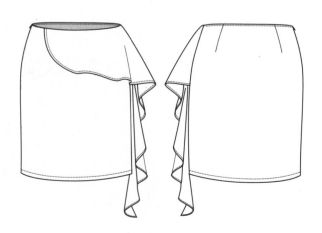

右边波浪搭片半身裙

腰前系带不对称裙摆波浪裙

花边木耳边装饰组合裙

腰带细褶中长裙

鱼尾裙

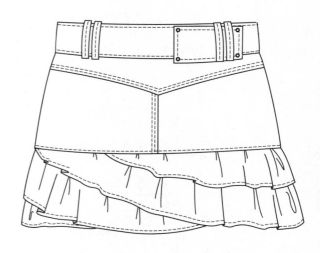

花边小短裙

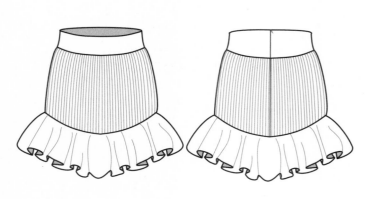

鱼尾组合裙

褶裥装饰扣包臀裙

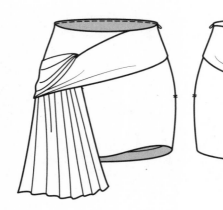

腰部扎系垂挂组合裙

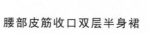

腰部皮筋收口双层半身裙

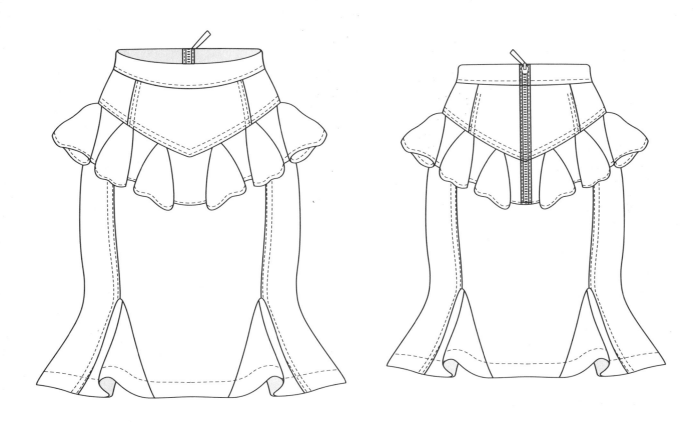

局部波浪装饰后中拉链小鱼尾半身中短裙

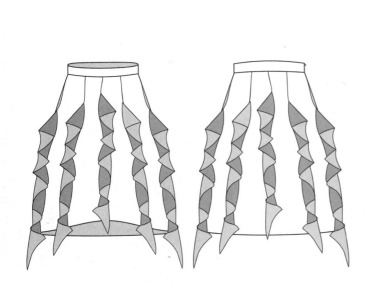

纵向木耳边装饰裙

褶裥包臀长裙

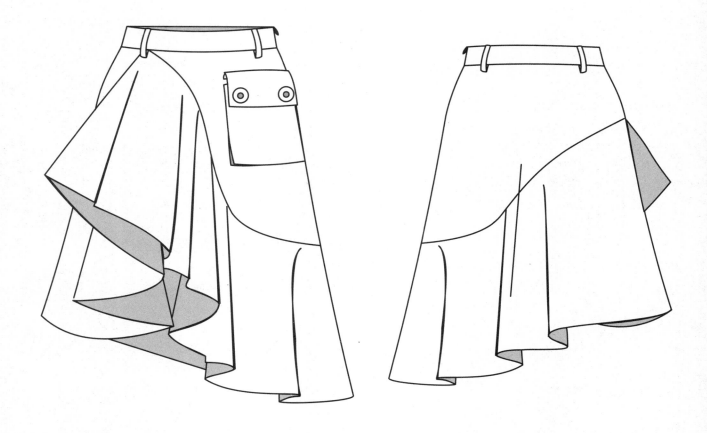

口袋不对称波浪半身裙

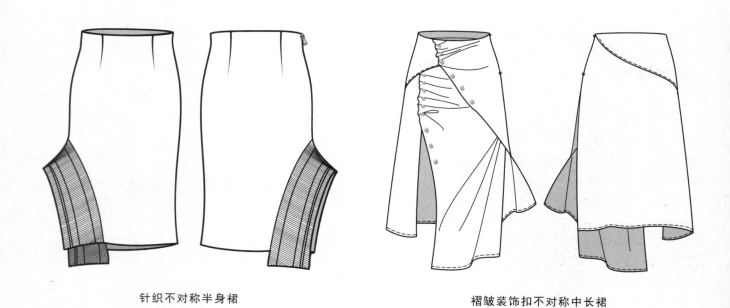

针织不对称半身裙

褶皱装饰扣不对称中长裙

口袋装饰假两件半身裙

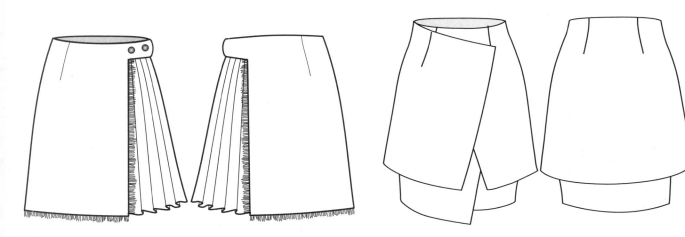

装饰扣不对称半身短裙

中腰收省双层不对称盖叠半身裙

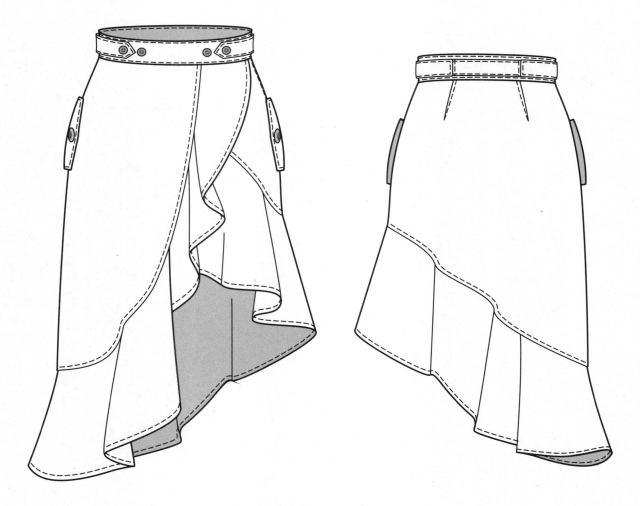

口袋斜下波浪不对称半身裙

鱼尾百褶半身长裙

褶皱波浪长裙

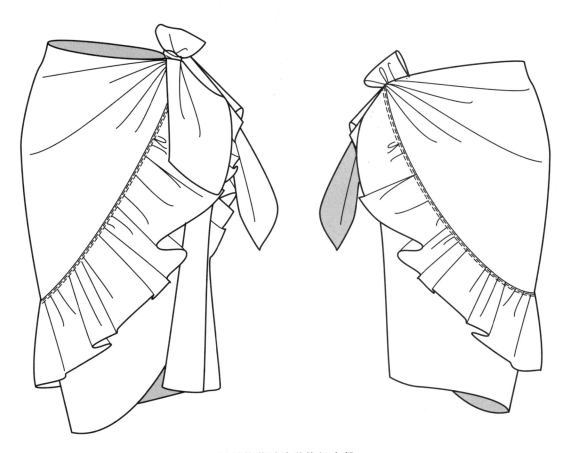

斜系扎荷叶边装饰组合裙

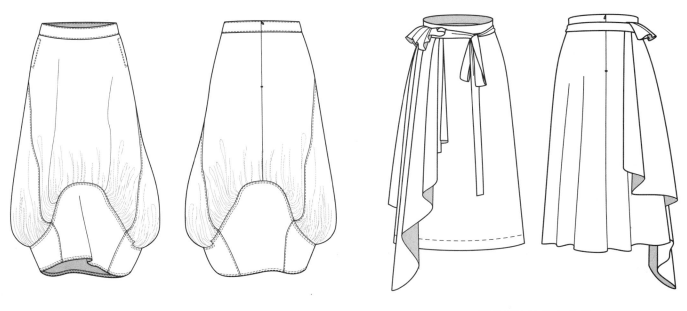

休闲褶皱中长裙

腰带侧边波浪中长裙

绣花高腰裙

腰部波浪装饰七分鱼尾裙

褶裥多层次半身裙

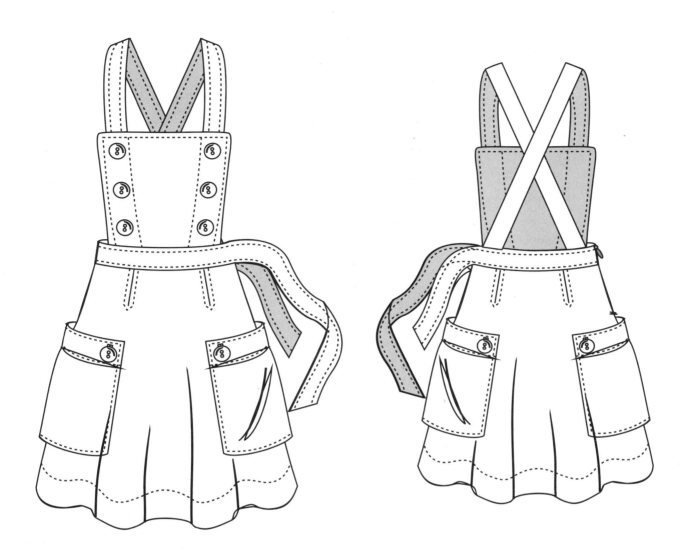

腰带口袋波浪背带裙

中腰腰部系带抽皱波浪短裙

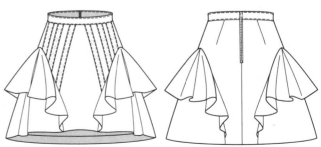

装饰扣波浪边半身裙

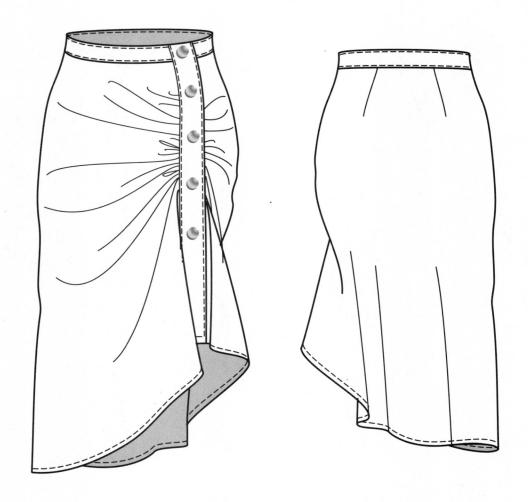

装饰扣褶皱波浪长裙

中腰拼接半身短裙

褶皱后中钉扣上下拼接半身短裙

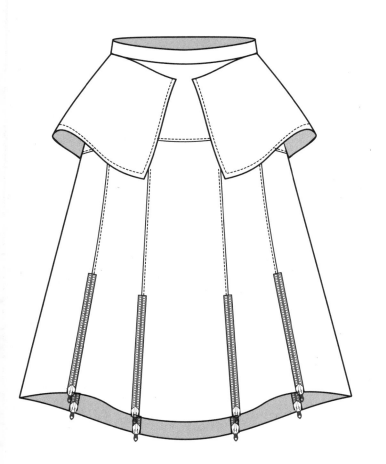

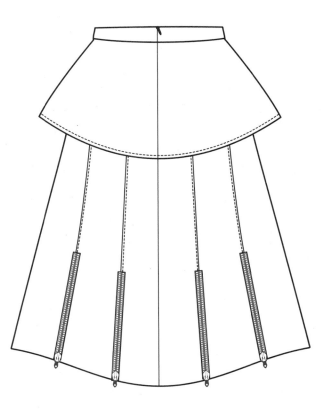

装饰拉链中长裙

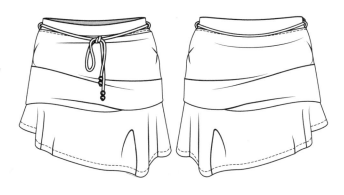

休闲运动不对称短裙

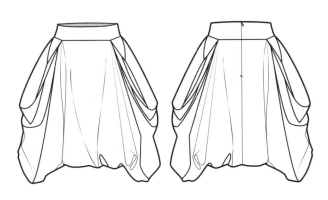

褶裥波浪半身裙

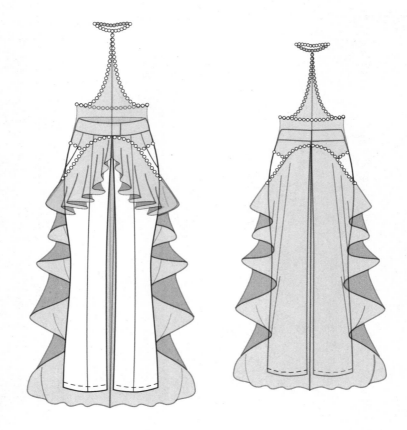

褶皱裤裙

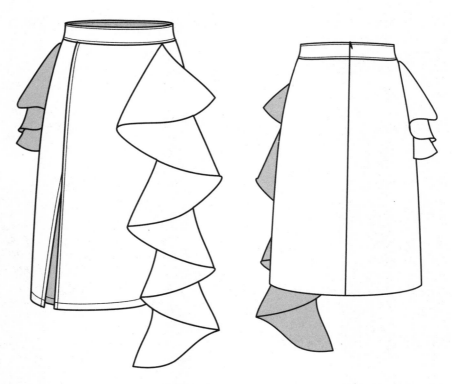

左侧大波浪分衩半身裙

第七章

细节图设计

半身裙细节设计——腰部翻折装饰

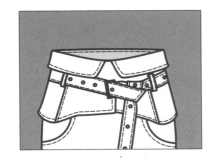 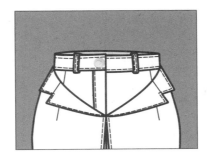 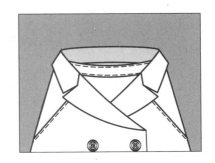

  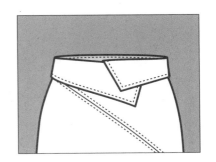

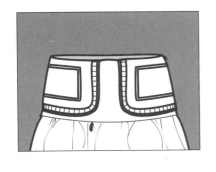 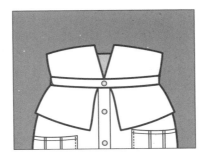 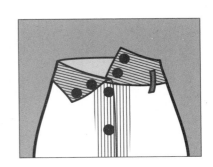

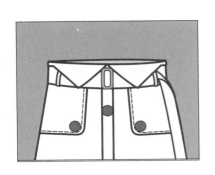 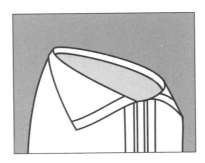 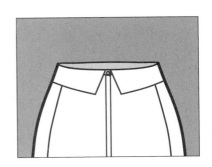

半身裙细节设计——腰部蝴蝶结装饰

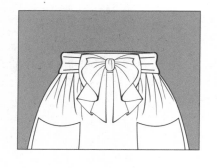  

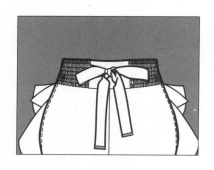 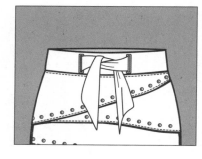 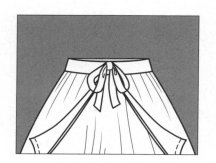

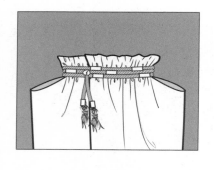 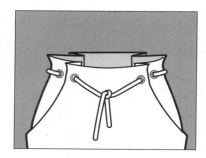 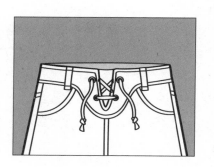

 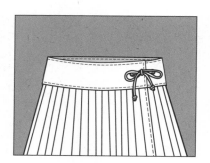 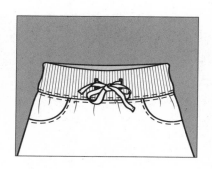

半身裙细节设计——腰部绑带装饰

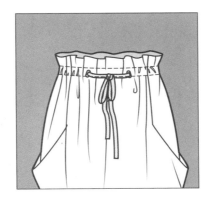
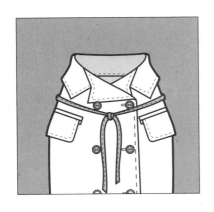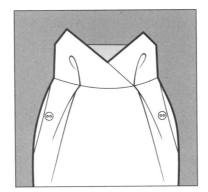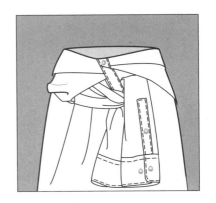

半身裙细节设计——腰部抽褶装饰

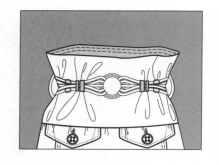 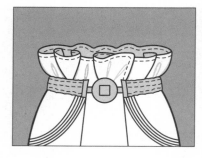 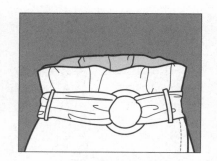

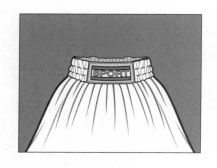 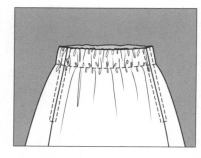 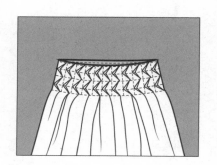

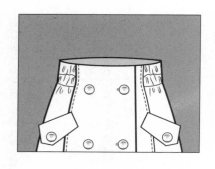 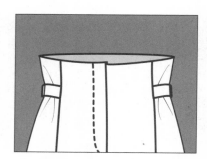 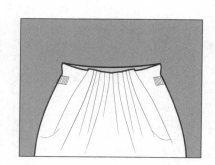

半身裙细节设计——腰部腰带装饰

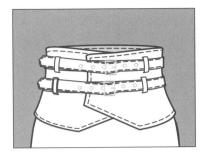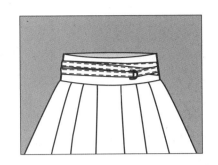

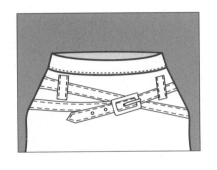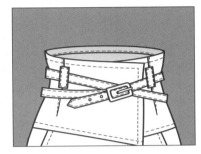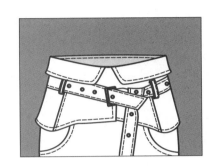

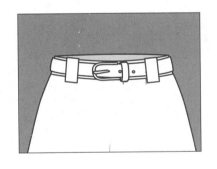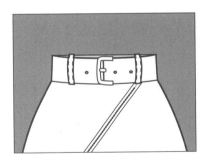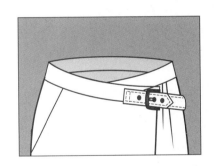

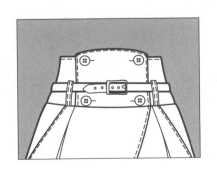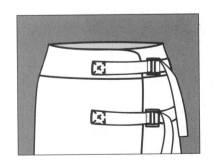

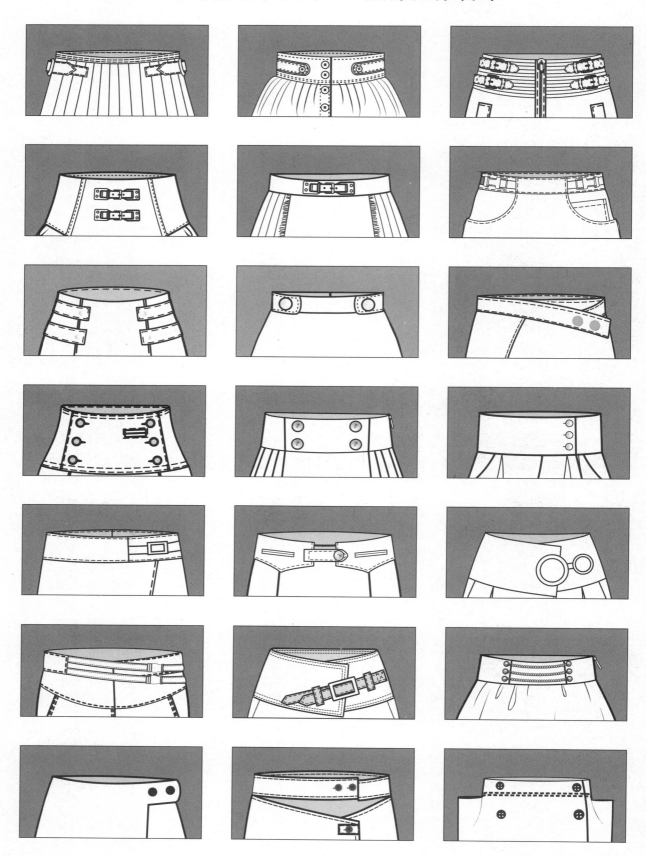

半身裙细节设计——门襟拉链装饰（1）

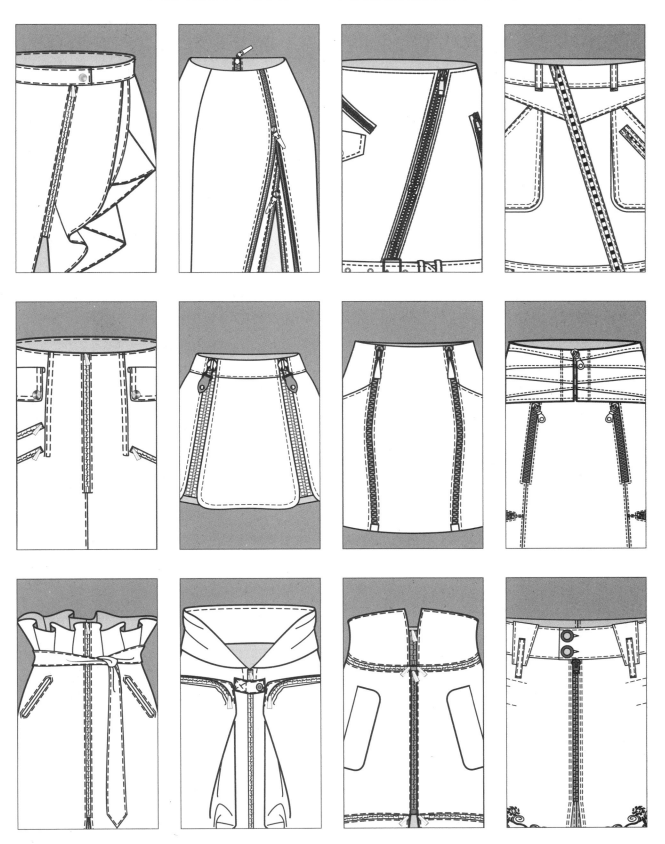

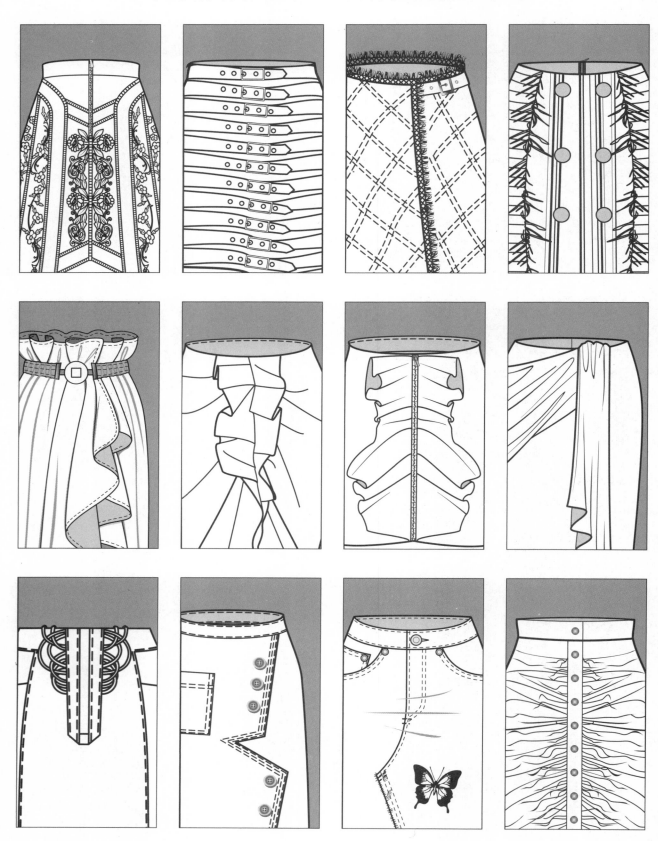

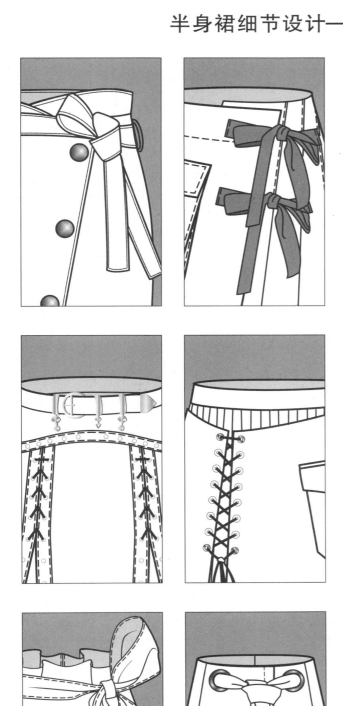
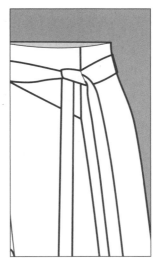
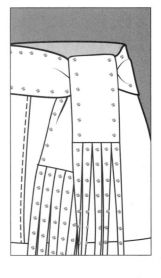
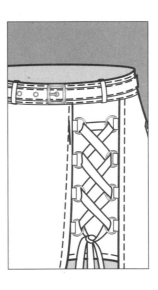
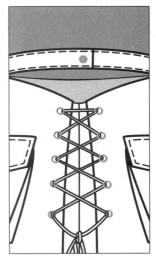
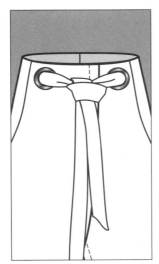
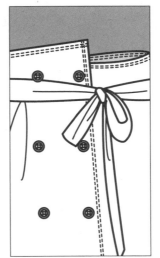
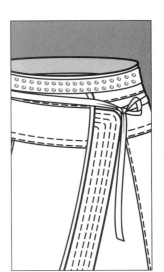

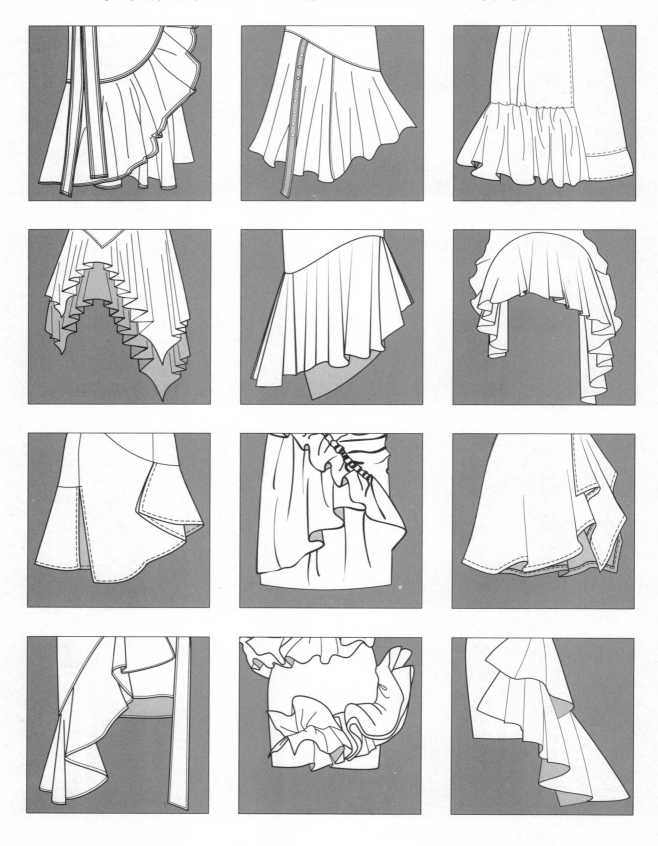

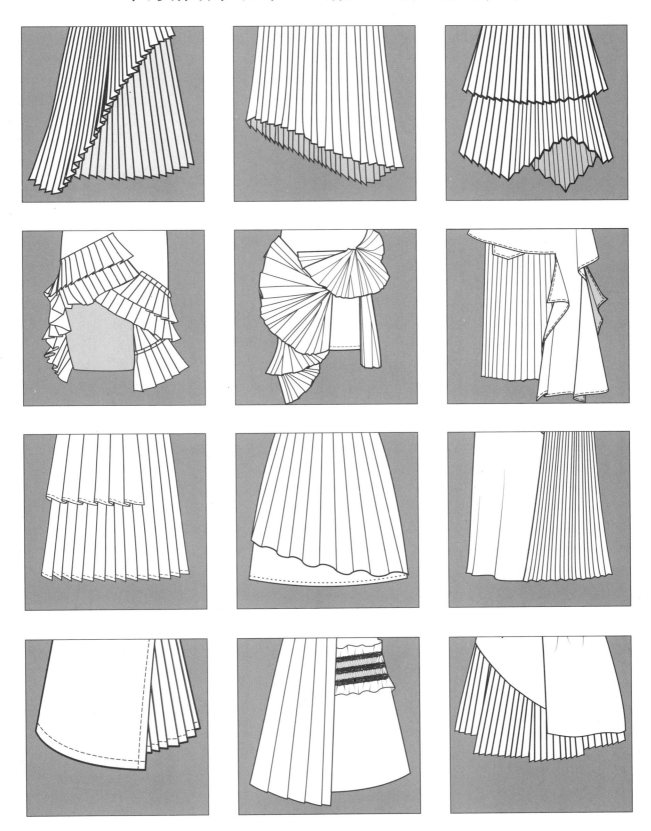

半身裙细节设计——裙摆波浪褶装饰（1）

半身裙细节设计——裙摆叠褶装饰

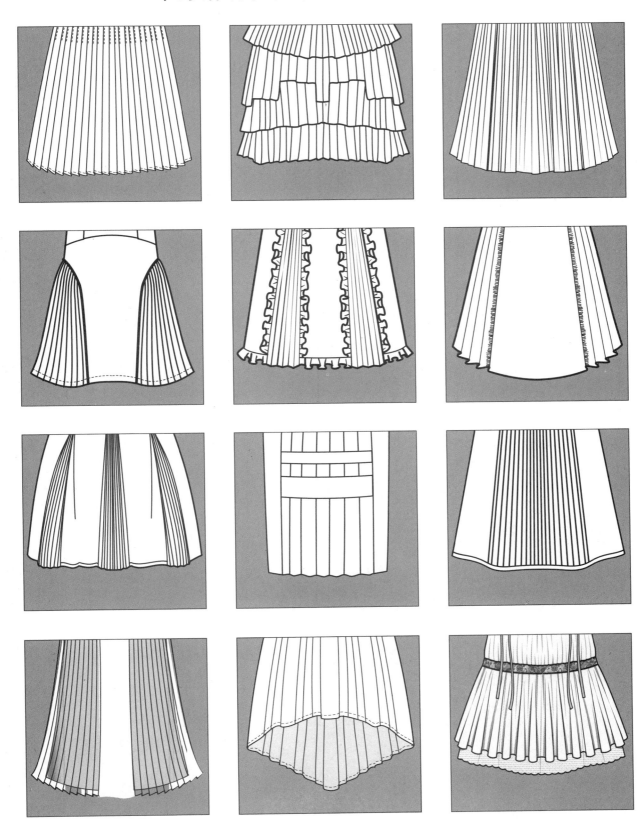

半身裙细节设计——裙摆流苏装饰

半身裙细节设计——裙摆装饰（1）

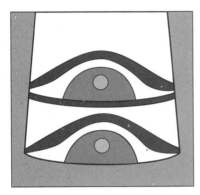
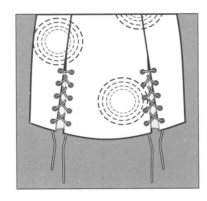

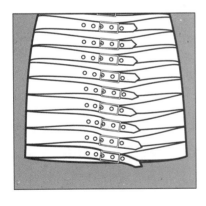

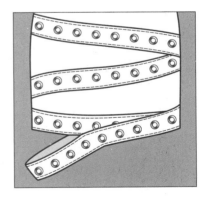

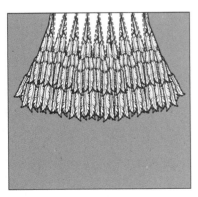

第八章

彩色系列款式图设计

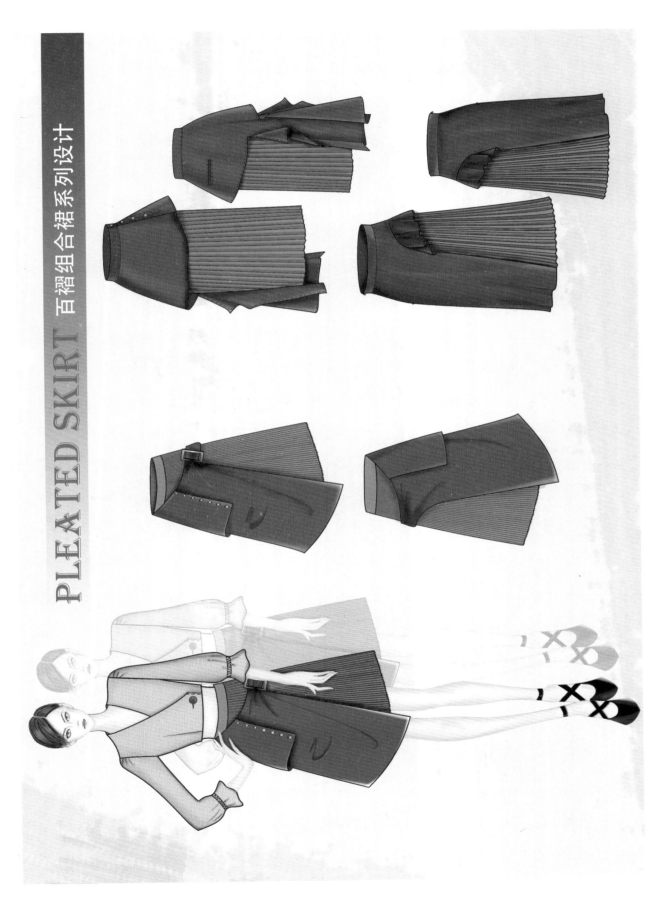

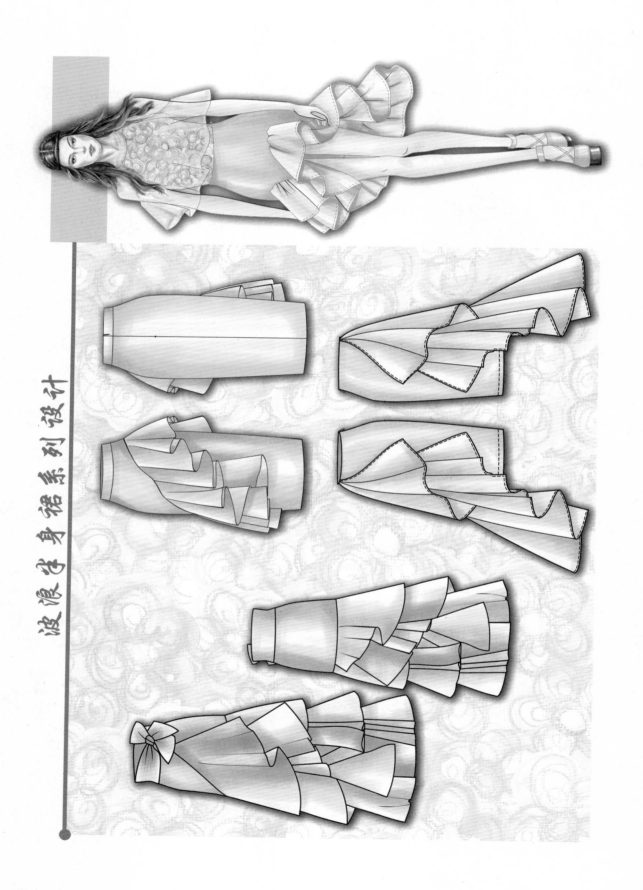

波浪紧身裙系列设计

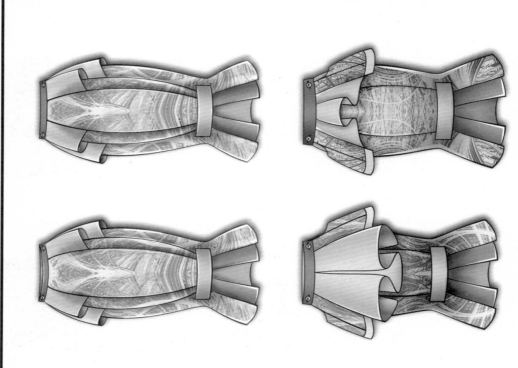

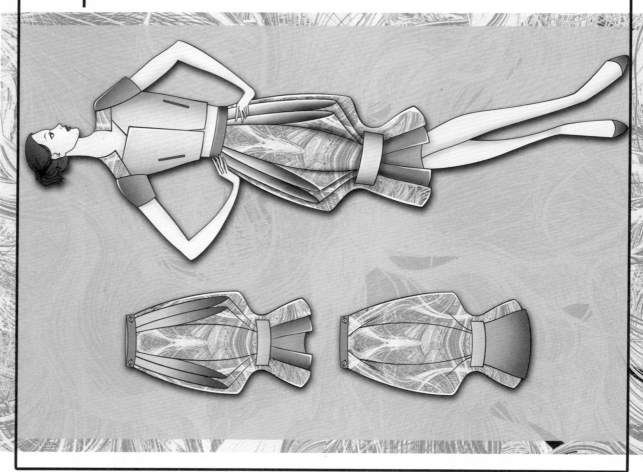

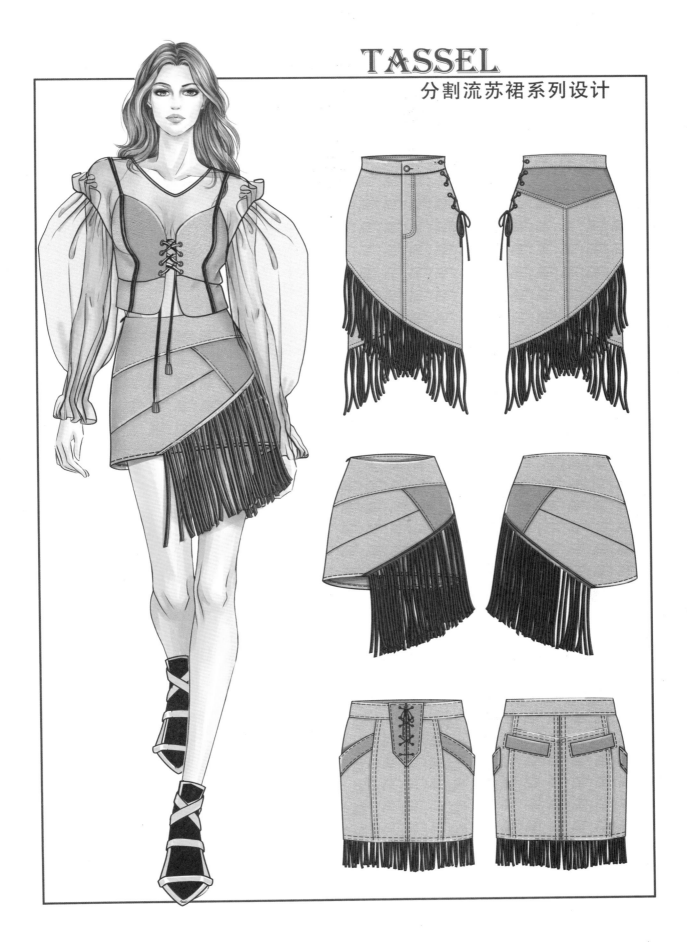

TASSEL

分割流苏裙系列设计

DENIM SKIRT

分割拼色牛仔半身裙系列设计

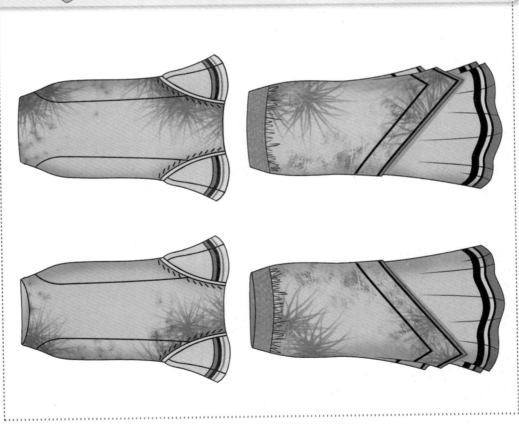

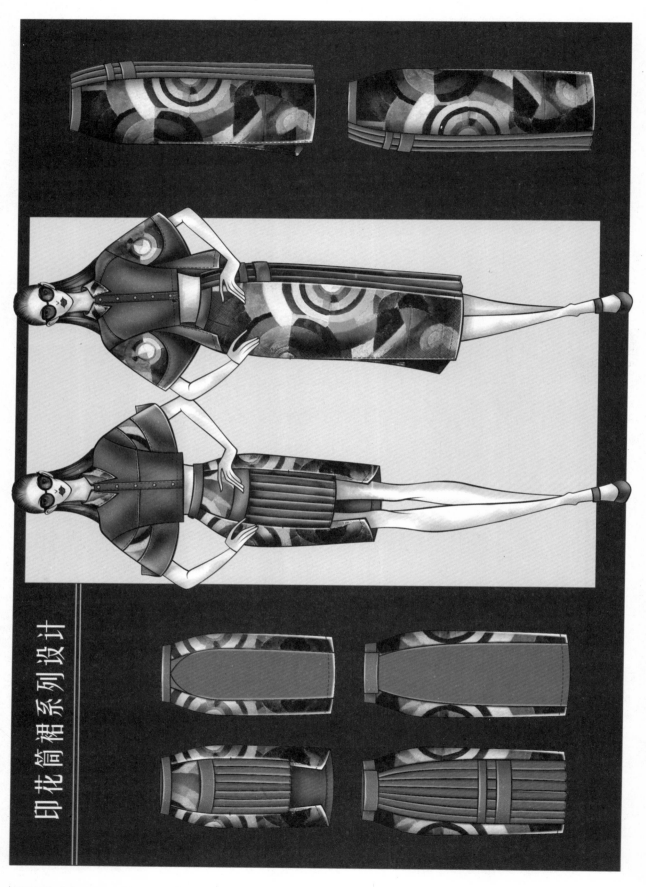

印花筒裙系列设计